訂正のお願い

本書107頁の図Ⅵ－17に欠落がありましたので、お詫びして訂正します。正しい図は左の通りです。

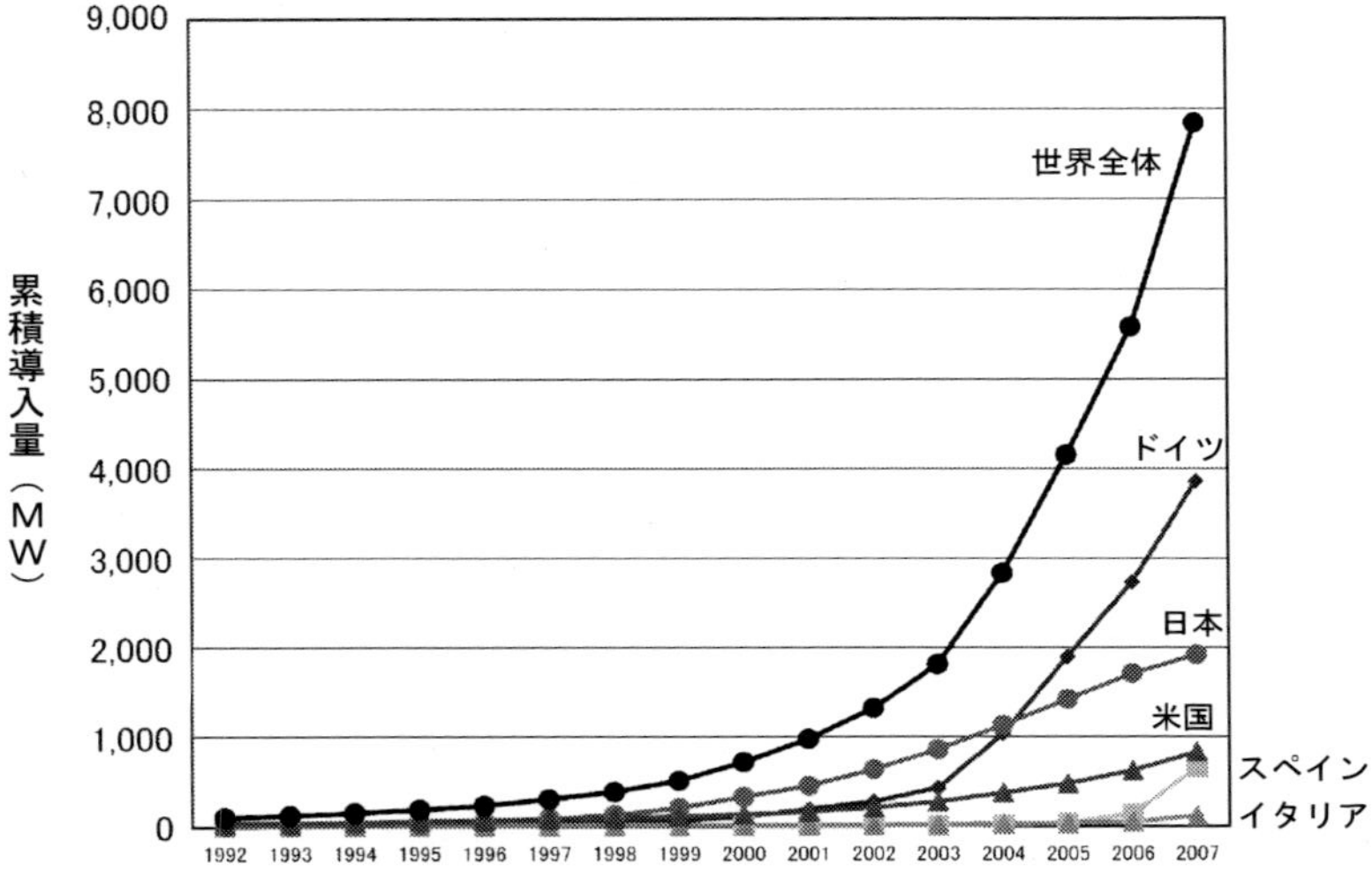

図Ⅵ－17　各国の太陽光発電の累積導入量推移

IEAのデータを元に作成

太陽光が育くむ地球のエネルギー

光合成から光発電へ

濱川圭弘
太和田善久 編著

HANDAI Livre
018
大阪大学出版会

太陽光が育くむ地球のエネルギー　目次

はじめに　豊かなエネルギーと暮らし

濱川　圭弘

一日のエネルギー

私たちが朝起きて活動し始めるのには、まず言葉をしゃべる、他人との会話をする、そのほか音楽を演奏する、あるいは音を媒介とした相互通信をする。このように言葉や音を通して行う日常生活にはエネルギーが必要です。このような日常の文明生活に必要なエネルギーは、個人の生命を維持するための生理エネルギーと日常生活・社会活動、生産活動に使う生活エネルギーの二つに分けて考えることができます。私たちが水と食糧から摂取する生理エネルギーは、全人類平均して一人当り一日二四〇〇キロカロリー程度です。一方、生活エネルギーは最近の統計によると、世界平均で一人一日四万五〇〇〇キロカロリーに達し、生理エネルギーの約二〇倍に達しています。しかも生活エネルギーは文明生活程度によって大幅に異なり、例えばアメリカは世界平均の数倍に達する消費をしています。

エネルギーの変遷

ところで、人類の文明活動を支えてきたエネルギー資源を産業利用という観点から眺め直すと、近代産業革命の口火をきったジェームス・ワット（一七三六－一八一九）による蒸気機関発明と改良（一七六九年の特許）があります。最初木材を燃料として出発した蒸気機関は、石炭燃料となって以来、鉄道産業から大型蒸気船による海洋交通へと発展し、また紡織機の機械化によって一大繊維産業を生み出しました。これが、石炭文明の始まりです。やがて、石炭という固体燃料から液体燃料の石油、そして天然ガスの気体燃料へと変遷していきます。下の図はこうしたエネルギー資源形態の変遷をそれぞれの産業革命によって誕生した代表的工業製品とともに描いたものです。

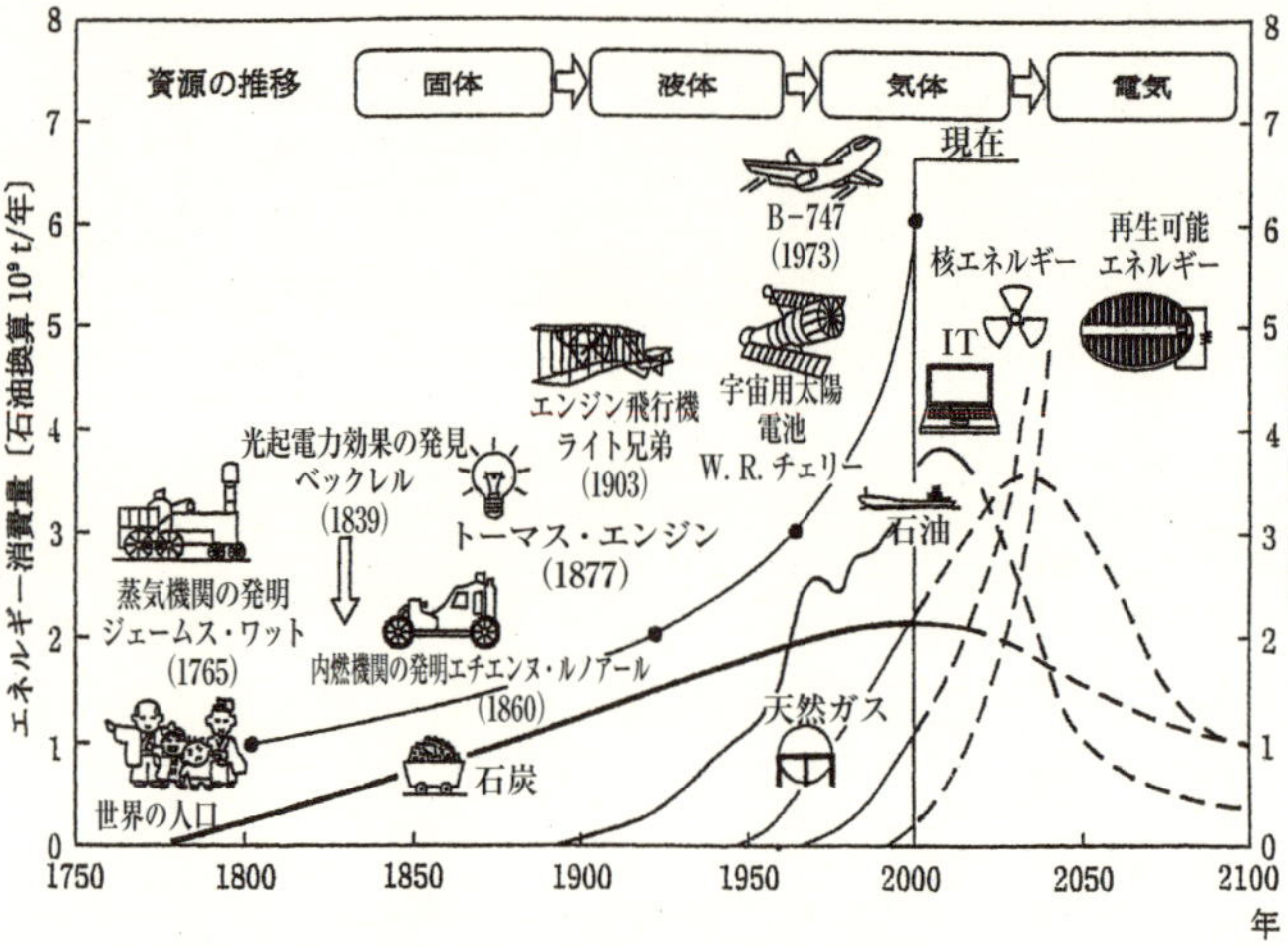

エネルギーの形態の変化と近代文明

（濱川圭弘：JSAP－International－, No.5, p.30（2002）図5を改変）

一九世紀半ばには、エチエンヌ・ルノアール（一八二二－一九〇〇）によって現在の内燃機関へと発展したガソリンエンジンが発明されています。産業革命のきっかけとなったワットの蒸気機関の発明から一〇〇年後のことなのです。やがて、この技術によって、自動車が開発され、自動車エンジニアであったライト兄弟がエンジン飛行機を飛ばしたのが一九〇三年です。このように、研究開発の段階からそれが実用化され、産業化され、市場として立ち上がって普及するまでには、二〇～五〇年かかりますが、内燃機関と平行して、電気、ガスなどのエネルギー関連技術も目覚ましい発展をして二〇世紀文明を生み出したといって過言ではないでしょう。

温暖化ガスによる影響

一九五〇年代から一九九〇年代まで間に石炭から石油さらに天然ガスへとエネルギーは変化しました。こうした、化石燃料の固体→液体→気体への利用技術の変遷は、エネルギーの工業化に伴う大量消費に応じるための大量生産、大量貯蔵、大量輸送へのニーズによって、より便利で、より経済性に富む形態が選択されたためと考えられます。つまり、こうした技術革新も「経済の大原理」に基づくものであったということができます。そして、つい最近までは化石燃料の確保、維持が大きな問題とされていました。しかし近年、化石燃料の確保よりもさらに重要な問題としてクローズアップされてきたのが、化石燃料の大量消費に伴う公害ガス・温暖化ガス（温室効果ガス）の大量放出による地球環境の悪化です。

経済を活性化するためにはエネルギーが必要です。エネルギーを多く使うと環境に大きな問題が起こります。今、この経済（economy）・エネルギー（energy）・環境（environment）の三つが三すくみ状態になって行き詰まっていることが地球の一番の問題です。これをどのように解決していくかのキーワードがクリーンエネルギーの開発です。この本では、太陽のエネルギーを利用した世界の取り組みについて紹介します。

これを説明するためにできるだけわかりやすく読みやすくする工夫をしておりますが、それでも内容としてはやや専門的な説明も必要な場合があります。「勉強室」というコラムはそれに当たります。また直接本文には関係ないけれども知っておいてほしいと思われるコラムは「休憩室」としました。勉強室や休憩室は、読み飛ばしていただいてもよいように記述しております。

新しいエネルギーを知って、あと何百年も子どもや子子孫孫まで豊かな暮らしが続くことを願っています。

I

地球環境を維持しつつ豊かな暮らしを

濱川　圭弘

美しい地球のくらしをいつまでも　© photo OAI

文明生活は化石燃料で支えられてきた！

日本に住む私たちの毎日は快適です。それはエネルギーを使って進歩した生活が可能だからです。少なくとも江戸時代と比べると暑さ寒さから守られ、食べ物は豊富、遠くへ行くには便利な乗り物があります。江戸時代のエネルギーと言えば人力と馬力・牛力、暖房は炭、あかりはナタネアブラ。食べ物は近郷、近海に取れたものです。現代からエネルギーを差し引くと江戸時代の生活に戻る、いいえ戻れません。とても体力も精神力ももたないのです。

その大事なエネルギーが枯渇するという話はもう皆さんも時々聞いているでしょう。エネルギーのもとになる石油・石炭・天然ガス（化石エネルギーといいます）、これらは地球を掘って出てくるものです。いつかはなくなると判っていても、それがいつかわからないうちは無限にあるように錯覚してしまいます。現在のエネルギーの主流を占める化石エネルギーの可採年数を資料に基づいて調べてみると、石炭を除くすべての化石エネルギーが二一世紀中に枯渇することがわかります。

現在の文明生活は化石燃料の大量消費に支えられていますが、化石燃料の使用可能量には限りがありますし、なによりも、このまま化石燃料の大量使用を続けることは、地球環境に取り返しのつかない悪影響をおよぼすことになります。

人口・エネルギー・GNPの比例

世界の人口は一九六〇年で三〇億人だったのが、二〇〇〇年にはほぼ倍の六一億人と四〇年で倍加しているのに対して、エネルギー消費は三〇年で倍増しています。そして、世界の総エネルギー消費に占める電気エネルギーの割合は、世界平均では二〇年ごとに倍のスピードで増えるとみられています。

また、世界の国民一人当りの国民総生産（GNP）と一人当たりのエネルギー消費を各国ごとに示すと次頁の図I－1のグラフになります。この図では、アメリカなど原点から遠い国々が先進国、原点から近い国々が発展途上国に相当します。そして対角線より左上の国ほど省エネ先進国ということになります。総じていえることは、文明の進歩とエネルギー消費は比例するということです。

「はじめに」で述べたように、エネルギー問題というのはそれを確保することだけでなく、エネルギーを使うことによって発生するCO_2（温暖化ガス）増加の影響もあります。一九九七年に京都で開催された地球温暖化防止の会議で決められた議定書（京都議定書）では一九九〇年度を基準としてそれぞれの国が温暖化ガスの発生量を削減しようと申し合わせました。それによるとわが国では六パーセントの削減率となっています。しかしわが国はすでに世界一の省エネルギーの国となっているので、このままではこれ以上に削減することは大変難しいのです。これ以上の削減のためには温暖化ガスを発生しない新エネルギーの推進のほか道が残されていないのです。

3Eのトリレンマとその解決策

二〇世紀の物質文明は、低コストで豊富な化石エネルギーによって支えられてきました。経済的採算がとれればペーパーバッグやビニル袋など、特に人工物質は少々の無駄遣いをしても許される、という大量生産・大量浪費の精神を生み、経済中心主義が社会規範となって推進されてきたものです。その証拠は大都市圏の生ご

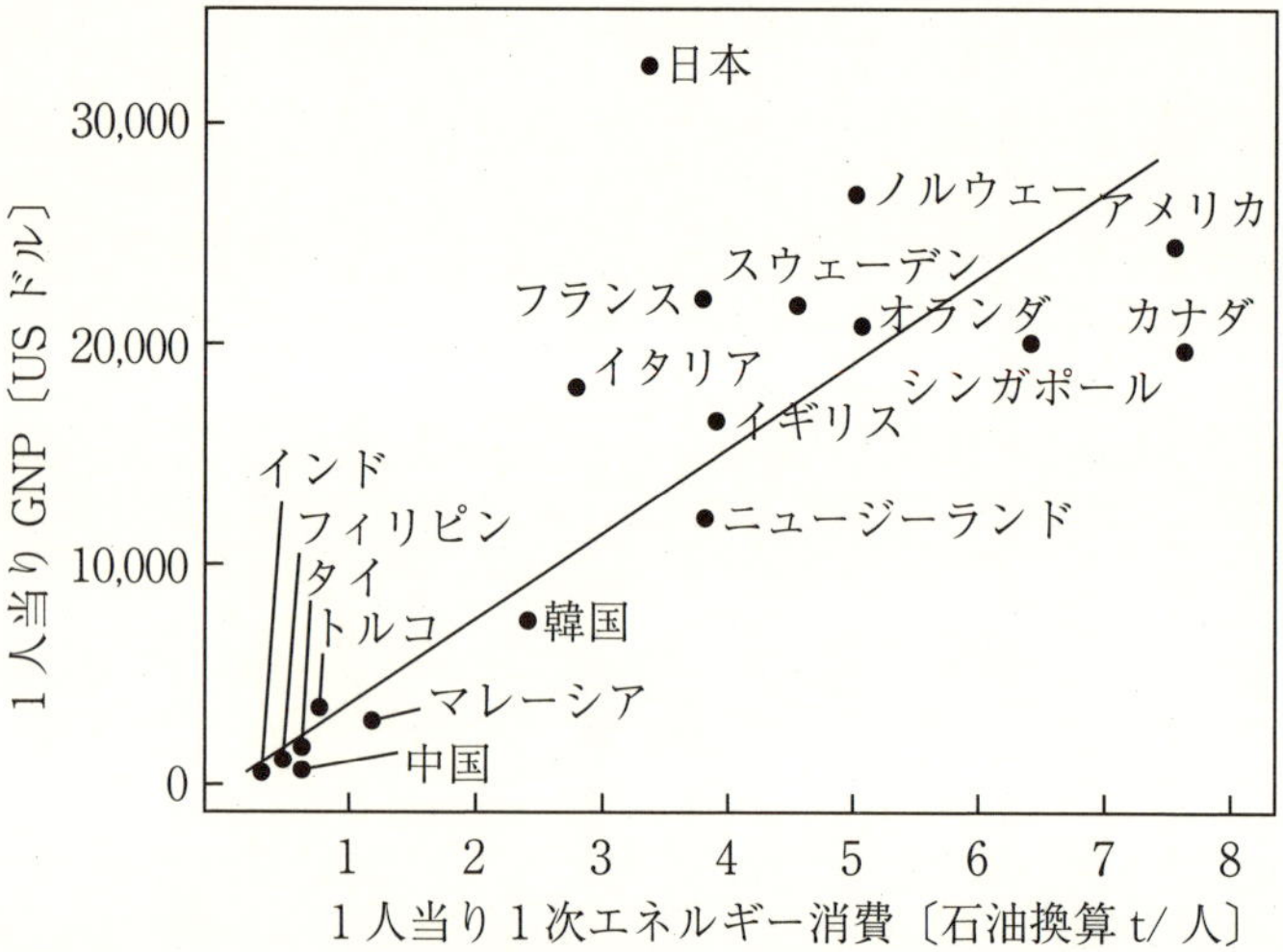

図Ⅰ-1　1人あたりのGNPとエネルギーの消費量

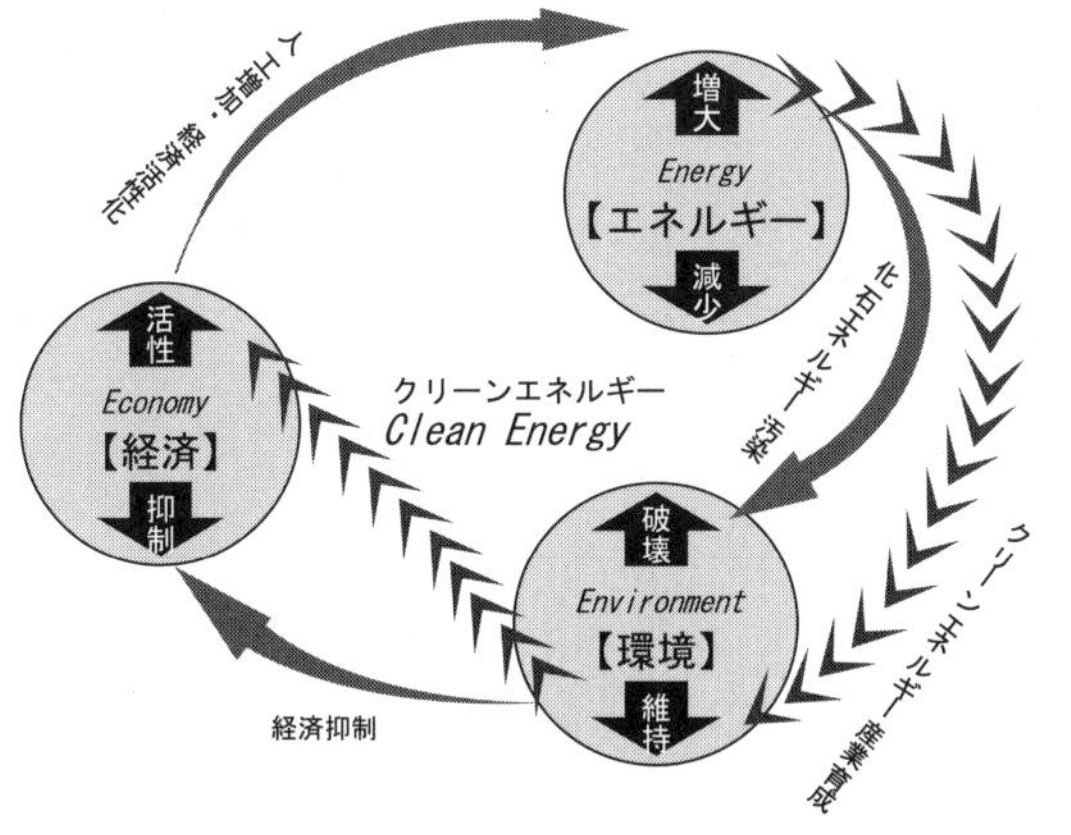

図Ｉ－２　3Eのトリレンマ

みや廃棄物処理の量が二〇世紀後半の五〇年間に数倍に増加していることからも明らかです。こうした地球資源の浪費は、単に石油などの化石燃料のみならず、紙の原料としての森林破壊、冷蔵技術の進歩による海洋資源の乱獲も同じです。

　しかし、その結果、天地創造以来蓄積されてきた化石資源を、あと一〇〇年を待たずして使い果たそうとしているだけでなく、人間や動物・植物が種類も豊かに生きられる地球環境を汚染してきたのです。今後は二一世紀の人類文明、快適な人類の生活をどのように維持・発展させるかというグランドデザインが急務になってきます。それには、「3Eのトリレンマ」の解決が最重要課題であるとされています。三つのEとは、経済（economy）、エネルギー（energy）、地球環境（environment）です。つまり経済の発展には、エネルギー消費を伴い、これが進めば進むほど気象変動による地球環境破壊につながるという三すくみ（トリレンマ）状態になって行き詰まることを指します。トリレンマ解決への唯一の方策は、エネルギーを化石燃料でなくクリーンエネルギーに切り替えることです。図I－2のようにこの行き詰まり状態がスムースなサイクルに変わります。その切り替えのためにはまだ少し、技術の開発と市民の意識のパラダイムシフトが必要です。

クリーンエネルギーと持続可能な文明

化石燃料を利用して作られた電気エネルギーは、石炭による火力発電とか重油による火力発電など、発電方法によって程度は異なりますが、いずれも発電時に大量の公害ガス、温暖化ガスを発生します。これに比べて、太陽光発電、水力発電など自然エネルギーを利用した発電法では、その発生量は石炭発電の数十分の一（85頁図VI－4参照）と極端に少なく、そのためクリーンエネルギーと呼ばれます。

京都における地球温暖化防止会議でCO_2をはじめとする温室効果ガス削減目標に対して各国がそれぞれの経済事情と絡んで大もめしたことは記憶に新しいところです。しかしながら、最も重要なことは単なる数値の目標ではなく、地中のバクテリアから人類に至るまで、あらゆる生態系の循環サイクルをこのまま維持しつつ、より豊かな文明生活を求めるライフスタイルへの転向です。文字どおり、サスティナブル・デベロップメント（持続可能な文明の開発）の実現です。この目標を達成するためには、各業界における生産活動とエネルギー消費、農業生産、食品加工など、生産物質の供給側のみならず、一般消費者も含めた国民全体の消費活動にも新しい二一世紀型社会規範をもって処することが大切です。

II

快適な暮らしを支える太陽エネルギー

高倉　秀行

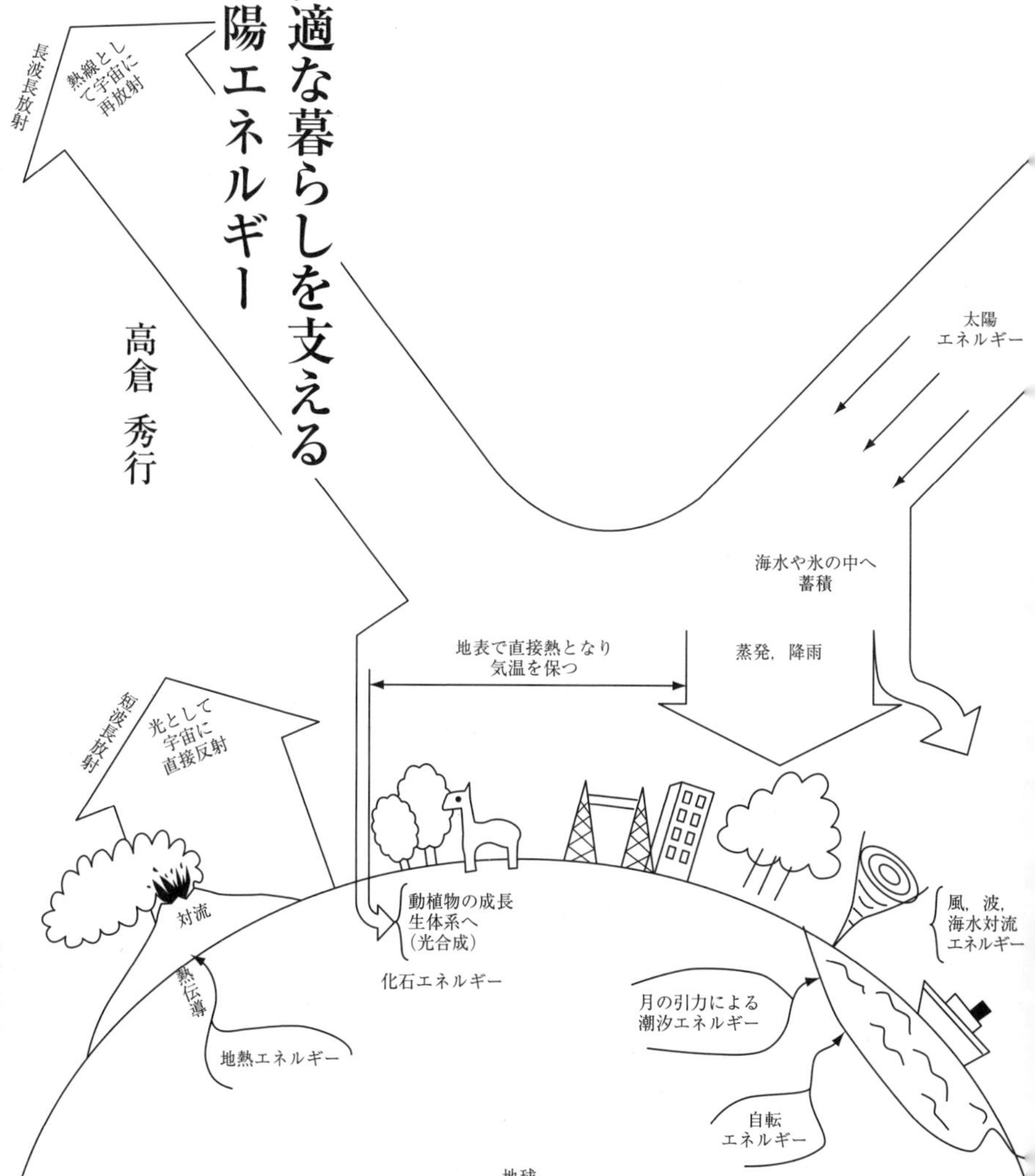

地球に届く太陽エネルギー
濱川圭弘『太陽光発電入門』オーム社、1981、図2.2を改変

1　太陽エネルギーと地球の生物

私たち人間は、地球上に住んでいます。私たちが生きていくのに必須な環境とは何でしょうか。空気と水と食べ物。これだけあればまず生き延びることができるでしょう。でも、ひとつ忘れていませんか。太陽の光です。一日は、昼と夜に分けられます。夜になると太陽からのエネルギーが途絶えますが、人間は決してあわてませんね。何時間かすると必ず朝がやってきて太陽が顔をのぞかせることを知っているからです。二〇〇八年の夏は、特に暑かったので太陽の日射を疎ましく思った人も多いでしょう。でも、太陽からのエネルギーが届かなかったらどのようになるか想像したことがありますか。

そもそも、地球上に生きる植物、動物は太陽の活動が生みだしたものです。生まれたての頃の地球の大気は、六〇気圧の二酸化炭素と一気圧の窒素だったといわれています。また、小惑星の衝突により、多くの水蒸気が大気中に放出され高い高度の位置に漂っていました。地球が徐々に冷えてくるに従い、この水蒸気が雨となって地球に降り注ぎ、海が形成されていったと考えられています。およそ四〇億年前のことです。地球の大気が、現在の窒素と酸素で構成されるようになったきっかけは、光合成するラン藻類の働きによるといわれています。このラン藻の子孫はシアノバクテリア

光と闇のはじまり

旧約聖書の創世記は、こんな記述から始まります。

> はじめに神は天と地とを創造された。地は形なく、むなしく、闇が淵の表にあり、神の霊が水のおもてを覆っていた。
> 神は「光あれ」と言われた。すると光があった。神はその光を見て、良しとされた。神はその光と闇とを分けられた。神は光を昼と名づけ、闇を夜と名づけられた。夕方となり、また朝となった。第一日のことである。
> （旧約聖書（日本聖書協会、一九五五年）より引用）

実際のところは、太陽を中心にして太陽系があります。科学的には、太陽が地球より先に存在したと考えるべきかもしれません。地球の形成から現在までどのようなドラマがあったかをまとめた、『生命―40億年はるかな旅』（一九九四、ＮＨＫ出版）という本が出版されています。

と呼ばれており現在でも生き続けています。これにより、大気中の二酸化炭素が消費され（正確には水中の二酸化炭素がまず消費され、大気中の二酸化炭素が水に溶けた）、酸素が大気に放出されました。酸素は、地上に生活するほとんどの生物にとってなくてはならないものでありますが、同時に炭素を基盤とする生体の組織を燃やしてしまい、また老化を促進する有害物質でもあるのです。しかし、地上に出現した生物は、この酸素を取り込み、大量のエネルギーを効率よく取り出す仕組みを取入れて爆発的に増えていったのです。

さて人間は、食物を摂取し酸素を呼吸から取り込んで細胞内でこれを反応させてエネルギーを取り出しています。食物は、米、小麦粉、果物、魚、肉、等など、実に様々です。これらの中で、動物に由来する食物は、もとをただせば植物が光合成によって作り出した餌を取り込むことで作り出されています。牛は、草を食べ、胃の中で乳酸発酵させて取り込み、乳を出し、また成長していきます。イワシやサンマなどの回遊魚が、春から夏にかけて北の海に回遊するのは、栄養が豊富なプランクトンを摂取するためであり、油脂分の多いプランクトンを大量に摂取することで脂がのるのだそうです。人間も、この植物由来の食物がエネルギー源であり、そのもとをたどれば太陽の光エネルギーで生かされていることがわかります。

太陽をもっと知ろう。

地球と比べて、大きさは約一一〇倍、重さは三三万倍。
地球に光が届くまでの時間、約八分二〇秒。
表面の温度約六〇〇〇度。
太陽が発しているエネルギーのうち地球に届く量、約二二億分の一。
もっと知りたければ、国立天文台編『理科年表』（丸善）を見よう。

2　生理エネルギーと生活（生産）エネルギー

さて、なくてはならない環境要素のうち、まず食物について考えます。われわれ人間は、どのくらいの食べ物をとることで、命をつないでいるのでしょうか。基礎代謝量という言葉を聞かれたことがあると思います。また、「成人男子一人あたりでは一日に二四〇〇キロカロリーが生命を維持していくのに必要」とされています。この量をもとにして、人間が生きていくために必要なエネルギーを見積もってみます。

一日二四〇〇キロカロリーでどれくらいの運動をしているかを考えてみます。ここではややこしい計算は省きますが、電球でいいますと一〇〇ワットほどの電球を二四時間つけっぱなしにしたほどのエネルギーを使って体温を保ち、活動をしているということになります。このエネルギーで自転車を人力で運転して買い物にも行きます。

五〇ccの原動機付自転車は一〇〇〇ワット程の出力となります。人間はいかに効率が良いかわかります。

身近なエネルギーの量を実感してもらうため、電気エネルギーを考えてみます。皆さんの家庭では、どのくらいの電気を使っていますか？　簡単な例として、三人家族で一カ月九〇〇〇円の電気代を払っている場合について計算してみます。三〇日で割ると一日当たり約三〇〇円、一般家庭での電力会社に支払う電気代は、一キロワット時（一キロワットの消費電力の機器を一時間使用した時のエネルギー量のこと。電子レンジやヘアードライヤーを一時間使用した場合に相当します）で二五円程度ですから、一日平均一二キロワット時、一人当たりでは四キロワット時ということになります。ワットやキロワット時については、後のコラムを参照してください。

家庭での電気消費は、エアコンが約二五%、電気冷蔵庫と照明がともに約一六%でこれで半分以上を占めます（財団法人省エネルギーセンターのホームページ URL: http://www/eccj.or.jp のデータによる）。また、いわゆる待機電力は七・三%を占めることも示されています。月九〇〇〇円の電気代の六五七円分が無駄な待機電力ということになります。

家庭で使うエネルギーは、電気だけではなく、ガスや石油、車を使う場合にはガソリンも使用します。先ほどのホームページによると、日本ではこれらのエネルギーは、電力量とほぼ同じ程度で

ゾウの時間　ネズミの時間

本川達雄著の『ゾウの時間　ネズミの時間――サイズの生物学』（中央公論社、一九九二）に、生物の標準代謝量に関する、興味ある分析結果が述べられています。それによると、体重の異なる恒温動物の体重と標準代謝量には、非常に簡単な関係が成立している。すなわち、標準代謝量は、体重の〇・七五一乗に比例するのだそうです。この本では、なぜ単純な比例関係にならないかについても議論されています。

すので、これを加えると日本の平均的な家庭のエネルギー使用量は、一日一人当たり八キロワット時となります。

日本全体で、生産活動、輸送、事務所などすべての経済活動で使われるエネルギーを加えると、一日一人当たりの使用エネルギー量は五〇キロワットを超えています。

エネルギーについて

物理学では、「仕事量」を次のように定義しています。ジュールという単位で表します。

「Fという大きさの力を加えてSメートル移動させた時、力はF×Sの仕事をした。」

たとえばある人が、一キログラムの重さの荷物を、一メートルだけ高い所に持ち上げた時、その人は一キログラム重・mの仕事をしたことになります。実際の物理学での単位では、一キログラム重は約九・八N（Nはニュートンと読みます。物理学者のニュートンの名前をとった単位）であり、一キログラム重・mは、九・八N・m＝九・八J（Jはジュールと読みます。これも物理学者の名前）になります。ジュールはエネルギーの単位で、一ニュートンの荷物を一メートル持ちあげた時の仕事量が一ジュールです。仕事をされたこの荷物はその量に相当するエネルギーを持つと解釈されます。これは、この荷物を滑車に通した紐の片方につなぎ、もう一方の紐の端に同じ一キログラムの荷物をつないで、ほんの少し力を加えてやると、もう片方の荷物を同じように一メートル高い所に移動させる（仕事をする）ことができるからです。その意味で「エネルギー」とは、「仕事をする能力」と言い換えることができます。

ワット（W）について

一秒間に一ジュールの仕事ができる機械の出力を一ワット（W）といいます。太陽は、快晴のとき、地球上に一平方メートル当たり約一〇〇〇ワットのエネルギーを送ってきます。つまり、一秒間に一〇〇〇ジュールの仕事をこなすことができます。約一馬力強（正しくは七三五・五ワット）のエンジン（例えば、原動機付自転車五〇ccのエンジン）の出力と同じくらいです。

カロリーとジュールの関係

熱量の単位であるカロリー（cal）と仕事量の単位であるジュールの間には、一カロリー＝四・一八四ジュールという関係があります。たとえば二〇度の水一リットルを電気ポットを使って一〇〇度のお湯にすることを考えます。そのために必要なエネルギーは次の式で計算できます。

$$100\text{度} - 20\text{度} \times 1000\,\text{cc} \times 1.0\,\text{g/cc} \times 1.0\,\text{cal/g度} \times 4.184\,\text{J/cal} = 335\,\text{kJ}$$

（水の比熱を 1.0 cal/g 度、密度を 1.0 g/cc とする。）

ですから三三五キロジュール必要です。五〇〇ワットの電気ポットなら、六七〇秒、つまり約一一分で一〇〇度になることがわかります。

ワットとカロリーの関係

ワットは単位時間あたりの仕事量ですから、ワットからカロリーに換算するときは作用している時間を掛け合わせる必要があります。一般的には、ワットに時間を掛け合わせたワット時で表されることが多いようです（時に一ワット時を単に一ワットと略して書かれていることもありますので注意が必要です）。

一ワットを一時間作用させたときの仕事量は、一ワット時＝三六〇〇ワット秒＝三六〇〇ジュールとなり、これはおよそ八六〇カロリーに相当します。

3　太陽からもらっているエネルギー量

人間の生命を維持するエネルギーは、唯一食物から得ています。これを、呼吸から得た酸素と化合させ、体温を保つ熱エネルギーや筋肉を収縮させ仕事をするためのエネルギーとしているわけです。日本人の食物の代表であるお米についてまず考えます。お米を主食としている人が、一年間で食べるお米の量はどれほどでしょうか。かつては、人間一人当たり、一石（一〇〇升、約一五〇キログラム）と言われましたが、現代人の米の平均消費量は、七〇キログラム（米俵一俵強）と言われています。かつての一五〇キログラムという量は、お米以外の食物も含めた（例えば、お米の一部を魚や野菜と交換する）食物全体量をお米に換算したと解釈することもできます。

一方、水田の収穫高は一〇〇〇平方メートル当たり五〇〇キログラムと見積もられるので、七〇キログラムなら一五〇平方メートルほど、一五〇キログラムなら三〇〇平方メートルほど必要です。この広さの土地に、太陽から一年間に降り注ぐエネルギーはどれくらいになるでしょうか。比較的晴天が多い地方で、実際に測定した値は一平方メートル当たり年間約一二〇〇キロワット時ですので、一五〇キログラムのお米の量を収穫する場合に必要な面積に年間降り注ぐエネルギーは三六万キロワット時となり、一キロワット時当たり二五円で電気代に換算すると約九〇〇万円となります。これだけのエネルギーが無料で供給されていることにお気づきですか。三〇〇平方メートルは約一〇〇坪ですから、この敷地面積の家だとかなり大きな家に相当します。約半分の敷地面積で勘定すると、一般家庭の敷地に年間太陽から無料で供給されてくる太陽エネルギーの総量は、約四五〇万円の電気代に相当します。

4　地球環境問題とは

人間が生きていくために必要な要素のうち、食物と太陽エネルギーについてお話してきました。あと、空気と水が残っています。

地球の大気は、その誕生のころ窒素と炭酸ガスであったことは、さきに（14頁）紹介しました。これを植物性プランクトンが光合成の力で、窒素と酸素の割合が四対一に、炭酸ガス量約三〇〇ppm（濃度の単位）という値に落ち着き、現在までもその値がほぼ保たれてます。この割合を維持するためには、植物が光合成作用によって炭酸ガスから酸素への変換メカニズムが大きな位置を占めています。ここでも太陽光エネルギーが活躍しているわけです。

この空気について、最近気になることが、身近でもいくつか起きていますね。炭酸ガスの増加、光化学スモッグなどなど、空気ももはや安全と言いきれなくなってきています。

では、水はどうでしょう。地表での水の循環は、海水からの水の蒸発、雲の生成、地表への降雨、植物による吸収・保存、地中への浸透、河川への流出、海洋への流出、となります。水の浄化という点でこのサイクルを見てみると、蒸発と、植物による吸収保存、地中への浸透が重要な働きをしていることがわかります。

この水についての話題を取り上げてみます。つい三〇年ほど前までは、都会でも井戸水をそのまま飲むことができました。しかし現代では、都市に住む人の多くがミネラルウォーターを利用していますね。また、「海を生き返らせるために、山に木を植える」という、ごく当たり前のことを、現代人はすっかり忘れてきてしまったのだということを痛感させられるニュースもありました。

ここまで、食物、空気、水と人間に必須な要素についてお話してきましたが、その原因となった、人類のエネルギー消費の歴史を概観し、地球環境問題を考えてみたいと思います。この「地球環境問題」という言葉から連想されるキーワードは、「地球温暖化」「酸性雨」「オゾン層破壊」などでしょうか。これらの課題については、たいへん多くの本が出版され映像でも報告されていますから、よくご存じでしょう。これらのうち、はじめの二つの問題の原因を突き詰めると、人間の消費エネルギーの増大というところに行き着きます。さきに（20頁）取り上げた、一人当たりのエネルギー消費の増大がもたらした結果です。今後、開発途上国において、このような消費拡大が起こると、地球温暖化は取り返しのつかないレベルまで行き着いてしまいます。

エネルギー消費の歴史

人間がこれまでどのようなエネルギーを使ってきたか、その歴史を振り返ってみましょう。縄文時代や弥生時代のエネルギー利用はどのようなものでしょうか。「燃料」としては、薪や炭でしょうか。一部では石炭（燃える石）や石油（燃える水）などの「化石燃料」を使っていたかもしれませんが、その量はごくごく僅かだったでしょう。ローマ帝国が周辺地域をどんどん征服していった理由のひとつに、このエネルギー確保があったと指摘する学者もいます。その滅亡もエネルギー資源の枯渇が大きな要因だったと言われています。この時代の燃料以外のエネルギー源としては、人力によるほか、牛や馬など動物、水車や風車など自然の中にあるエネルギー源が、「移動」ならびに「生産活動」に利用されてきました。

このような状況を大きく変えたのは、おそらく蒸気機関の発明（ジェームスワット）でしょう。石炭という「化石燃料」の燃焼により、人間はかつてない量のエネルギーを取り出す手段を得、これを移動や生産活動に利用することを始めました。蒸気機関車が地上を走り、それまでもっぱら風力であった船も、汽船に代わり海洋移動を促進しました。続いて、ガソリンエンジンに代表される内燃機関がニコラスオットーによって発明（一八七六年）され、自動車が出現しました。石油の活用です。さらに天然ガスの利用がこれに加わり現代に至っています。これらの、いわゆる化石燃料の利用が、人間の生活、特に都市における生活を大きく変えました。

エネルギー利用のもうひとつの大きな変化は、電気エネルギーと原子力エネルギーです。エネルギー変換装置として実用性のある発電機の原型を発明したのはグラムで、一八六九年のことです。発電機は、それ自身がエネルギーを生み出すわけではなく、たとえば石炭の燃焼で得たエネルギーを電気エネルギーに変換する装置です。しかし、この発明によりエネルギー利用方法を大きく変えました。たとえば石炭を利用しようとすると、まず、石炭を掘り出し、利用する場所まで輸送して、燃焼させる、という手順が必要です。取り出せるのは、熱エネルギーですから、たとえば動力に利用しようとすると、蒸気機関のような装置が要ります。しかし、電気エネルギーは電線で送ることができますから、利用するところで燃料を燃やす必要がありません。また、明かりにも、熱源にも、動力にも、簡単な装置で使用することができます。

原子力発電に成功したのは、一九五一年米国アイダホ州国立原子力研究所です。原子力エネルギーも、基本的には熱エネルギーとして取り出し、電気エネルギーに変換して利用しています。その意味で、非常に危険なエネルギー源でありながら利用できるのは、電気エネルギーに変換しての利用技術が大きく進歩したからに外なりません。電気エネルギーを使用しても、その場には熱以外の廃棄物が出ないことも、電気エネルギー利用が大きな比重を占めている要因です。また、石炭（固体）から石油（液体）、天然ガス（気体）そして電気への変化は、輸送のしやすさに基づいていることがお分かりでしょうか。

このようにエネルギーの消費の歴史は、私たちが快適な生活を送っていくために、利用しやすい形に代えていってますます大量に消費する道を進んできたのです。

表Ⅱ-1　現在使われているエネルギーの種類

資　源	形態	輸送方法	利用法	廃棄物
薪　　炭	固体	人、荷車	燃焼	CO_2
石炭	固体	船、列車	燃焼	CO_2　NO_x　SO_x
石油	液体	パイプライン	燃焼	CO_2　NO_x　SO_x
天然ガス	気体	パイプライン	燃焼	CO_2　NO_x
原子力（ウラニウム）	固体	船、自動車	核分裂	核廃棄物

表Ⅱ-2　再生可能エネルギー

資　源	エネルギー形態	利用法	利用できるまでの時間
太陽光	光（電磁波）	照明、発電	瞬時
太陽熱	熱	熱、発電	1時間～1日
風　力	運動	動力、発電	1週間
水　力	運動	動力、発電	1カ月
バイオマス	化学	燃焼	1年

エネルギー資源のもとは太陽

表Ⅱ－1に、現在使われているエネルギー源をまとめておきます。原子力以外のエネルギー資源は、もともと太陽エネルギーであったのです。

ところで、太陽が地球に送ってきているエネルギーがかなり多いことは、前の節の例でもおわかりいただけたと思います。太陽エネルギーは、文明国にも開発途上国にも、資源を大量に保有する国にもそうでない国にもほぼ均等にエネルギーを送ってきてくれます（地域偏在性がないといいます）。その意味では、表Ⅱ－1の資源とは大きく異なっています。さらに風力や水力など、自然エネルギーと呼ばれるエネル

表Ⅱ-3　新エネルギー

資　源	エネルギー形態	利用法	課　題
潮力、波力	運動	発電	腐食、地域性
地熱	熱	熱、発電	腐食、地域性
海洋温度差	熱	発電	腐食、地域性

ギー資源も、その起源は太陽エネルギーです。最近は化石燃料と区別するために再生可能エネルギーという名前で呼ばれています（表Ⅱ－2）。

これらのエネルギー源は、人間がその一生の間に必要なエネルギーを十分にまかなえるだけの量が供給されています。言い換えると、これらのエネルギー源を有効利用すれば、人間は、化石燃料に頼らなくても生活を維持できるのです。

最後に、その他の新エネルギー源として利用が始まっているものとして、潮力、波力、地熱、海洋温度差利用などがあり、表Ⅱ－3にまとめておきます。

地球環境を守るために

次に、地球環境を守るために、私たち一人ひとりが何をできるか考えてみたいと思います。直接的には、炭酸ガスなど温室効果ガスの放出を減らすこと、あるいはフロンガスなどを含む機器の廃棄を決められた方法によって行うことが大切です。

家庭での温室効果ガスの抑制には、次のものが効果があるとされています。

(ア) 電気の無駄使いをやめる。（余分な電灯を消す。冷蔵庫の開け閉めに気をつける、詰めすぎない。冷房の温度を上げる、暖房の温度を下げる。待機電力を使う機器の主電源スイッチを切る。）

(イ) ガソリンの消費を減らす（エンジンの空吹かしをしない。急発進をしない。燃費の良い車を選ぶ。公共交通機関を利用する。）

(ウ) 3R（リデュース reduce、リユース re-use、リサイクル recycle）を推進する（リデュース：レジ袋の使用をやめる。リユース：ビールは瓶で買う。リサイクル：資源ごみの回収を進めるなど）

(エ) 太陽エネルギー等の自然エネルギーを積極的に活用する。

5　光って何？――見えるけど見えない光

私たちは普段何気なく電灯をつけ新聞を読んだり、また、テレビのニュースを見ていますね。私たちは、周りからの情報の多くを目を通して得ています。でもちょっと考えてみましょう。光がなかったらどうなるでしょう。新聞も読めないし、テレビを見ることもできません。長野市にある善光寺の本堂の地下に「お戒壇巡り」という全く光のない通路があります。関西であれば、信貴山朝護孫子寺の本堂の床下にも「戒壇巡り」があります。ここを通ると、全く光が差し込まないため、上下の関係もわからなくなってしまいます。光の持つ意味を改めて感じさせてくれるところです。

ところで、この光っていったい何者なのでしょうか。

その前に、皆さんは小学生の頃、釘の周りにエナメル線を巻きつけ（コイルといいます）、これに電池をつないで電磁石を作った経験をお持ちでしょう。電流を流すと磁界が発生するといいます。このコイルに磁石を近付けたり遠ざけたりすると、今度は逆にエナメル線に電流が流れます。これを電磁誘導と呼んでいます。つまり、電流を流すと磁界が生まれ、磁界が変化すると電流が流れます（電界が発生するといいます）。これが発電機の原理で、電力会社から送られてくる電気はこの原理を応用して作られています。

さて、このエナメル線に流す電流を、素早く変化させたらどうなるでしょうか（この電流を素早く変化させる回路を電子回路といいます）。空気中に広がっている磁石の力が強くなったり弱くなったりします。電流を逆向けるとN極とS極が逆になったりします。磁石の力（磁界）が変化しますから、その周りに変化する電界が発生することになります。この変化する電界がまた変化する磁界を発生させ、これが繰り返し起こることになり、そしてこれが空気中を伝わっていくという現象が起こります。これが電波（正確には電磁波）です。私たちはこの電波を利用して、ラジオ放送を聞いたりテレビを受信したり、携帯電話で通話したりしています。私たちが利用している電波はどれくらいの速さで変化しているのでしょうか。だいたい一秒間に五〇万回（ラジオ放送）から一〇〇億回（携帯電話や衛星放送）くらいです。この変化、つまり振動数（周波数といいます）のことをヘルツ（Hz）といいます。

一〇〇GHz（Gはギガといいます。単位はあとのコラムをみてください）までの電磁波は電子回路で発生させることができますが、一THz（Tはテラです）以上になると電子回路では発生させられず、ほかの手段で作り出さなければなりません。

さて、いよいよ光の正体です。一THzの電磁波の波長は約〇・三ミリメートル（mm）です。これより高い周波数の電磁波は赤外線です。さらに高い周波数で、五〇〇THzになると波長は六〇〇ナノメートルとなり、人間の眼はこの電磁波を赤色と感じます。つまり、光とは非常に高い周波数の電磁波なのです。この光を発生させる方法はいくつかあります。物質を高い温度にすると光を発しますね。ろうそくの光や白熱電灯がそうです。太陽の表面の温度はおよそ摂氏六〇〇〇度と見積もられます。このように高い温度の物質は、赤外線とともにさまざまな色の光を発しています。このエネルギーの元は熱エネルギーです。すべての熱エネルギーをもつ物質は光を発しています。人間も例外ではありません。

蛍光灯や発光ダイオードなどは、室温でも光を出します。これらの機器は電気エネルギーを光エネルギーに変換していますが、ここでは説明を省略します。光についてもっと知りたい人は、Ｎe ｗｔｏｎ別冊『光とは何か』（株式会社ニュートンプレス、二〇〇七年一〇月二〇日）がお勧めです。

ここまで、光を電磁波という波として説明してきましたが、もう一つの光の役割、すなわちエネルギーを運ぶ粒子としての説明をしなければなりません。太陽光線に当たると温かく感じるのは、光がエネルギーをもっているからです。光が特定のエネルギーをもつ粒子であることを証明したのは、アインシュタインです。それによると、ある振動数ν（ニュー）の光は、$h\nu$（hは比例定数で、プランク定数と呼ばれます）のエネルギーをもつ粒子（光子とよびます）であると解釈されます。つまり、振動数の高い光ほど（波長が短いほど）大きなエネルギーをもっているわけです。赤色の光（例えば波長六〇〇ナノメートル）と紫外線（例えば波長三〇〇ナノメートル）では、紫外線の光子のエネルギーが二倍大きいことになります。紫外線に当たると日焼けしたり、殺菌作用があることはこれでわかっていただけますね。私たちの周りには光子が満ちあふれています。表Ⅱ－4を使って表現すると一秒間、一平方メートルに四〇垓個（10^{20}）の光子が含まれています。

大きな数の単位　小さな数の単位

大きな数を表す単位として、万や兆といった単位を御存じですね。仏教を原点とする数の単位には左の表のようなものがあります。恒河沙（ごうがしゃ）というのは、ガンジス川の砂の数という意味だそうで、一兆×一兆×一兆×一兆×一万という大きさです。

国際単位としては、キロ（k、一〇〇〇倍のこと）やギガ（G、一〇億倍）などはよくつかわれます。一秒間に五〇万回の変化は五〇〇kHz、一〇〇億回は一〇GHzのように表現します。気圧の単位であるヘクトパスカル（hPa）は、一パスカルの一〇〇倍という意味です。一kgは一gの一〇〇〇倍ですね。一ha（ヘクタール）が一〇〇a（アール）というのも学校で習います。

小数の読み方も表にしておきます。一ppm（part per million）は一微、一ppb（part per billion）は一塵というところでしょうか。空気一cm³の中にある気体の分子の数はおよそ二七京です。一cm³の中に気体の分子が一個だけある状態を気圧であらわすとすると、三〇清浄気圧となります。

表Ⅱ-4　大数の単位・小数の単位

大数の単位	0の数	国際単位
一(いち)	0	
十(じゅう)	1	da(デカ)
百(ひゃく)	2	h(ヘクト)
千(せん)	3	k(キロ)
万(まん)	4	
	6	M(メガ)
億(おく)	8	
	9	G(ギガ)
兆(ちょう)	12	T(テラ)
	15	P(ペタ)
京(けい)	16	
	18	E(エクサ)
垓(がい)	20	
	21	Z(ゼタ)
杼(じょ)	24	Y(ヨタ)
穣(じょう)	28	
溝(こう)	32	
澗(かん)	36	
正(せい)	40	
載(さい)	44	
極(ごく)	48	
恒河沙(ごうがしゃ)	52	
阿僧祇(あそうぎ)	56	
那由他(なゆた)	60	
不可思議(ふかしぎ)	64	
無量大数(むりょうたいすう)	68	

小数の単位	小数点以下	国際単位
一	0	
分(ぶ)	－1	d(デシ)
厘(りん)	－2	c(センチ)
毛(もう)	－3	m(ミリ)
糸(し)	－4	
忽(こつ)	－5	
微(び)	－6	μ(マイクロ)
繊(せん)	－7	
沙(しゃ)	－8	
塵(じん)	－9	n(ナノ)
埃(あい)	－10	
渺(びょう)	－11	
漠(ばく)	－12	p(ピコ)
模糊(もこ)	－13	
逡巡(しゅんじゅん)	－14	
須臾(しゅゆ)	－15	f(フェムト)
瞬息(しゅんそく)	－16	
弾指(だんし)	－17	
刹那(せつな)	－18	a(アト)
六徳(りっとく)	－19	
虚空(こくう)	－20	
清浄(せいじょう)	－21	z(ゼプト)
涅槃寂静(ねはんじゃくじょう)	－24	y(ヨクト)

Ⅲ　太陽光発電の起源

柳田祥三

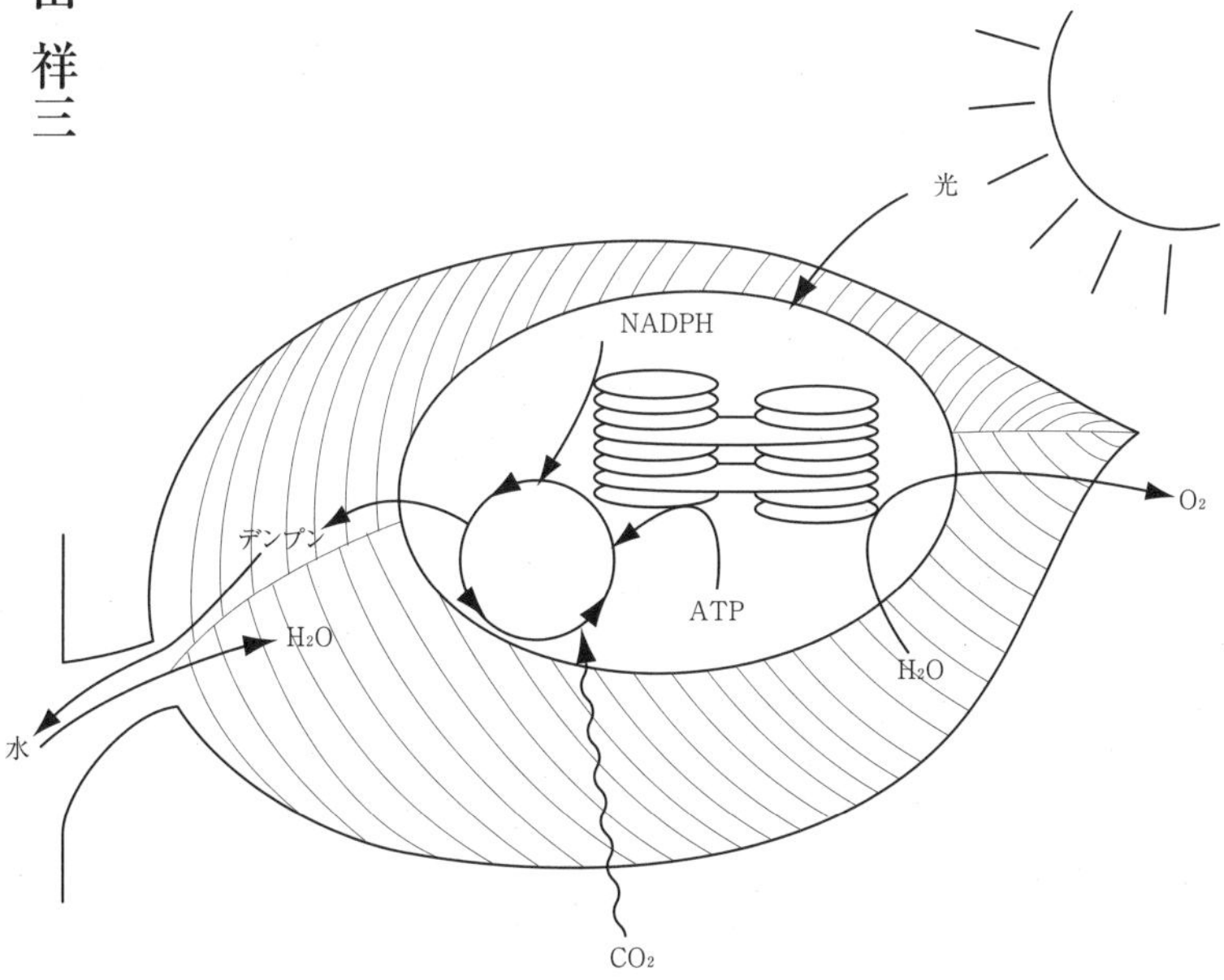

葉緑体は光合成によってエネルギーをつくり出す

1　植物は太陽光エネルギーを光合成反応に利用

生命を持つものにとって天からのさずかりもの「太陽光」とはエネルギーそのものです。植物は太古の昔から、この太陽光のエネルギーを利用して光合成などの反応に利用してきました。このことがよくわかる図をお見せします。図Ⅲ－1は最近の地球観測衛星が集めた光合成における光化学反応の主役クロロフィル分子のひとつ、クロロフィル－aの地球表面の分布（一九九七～二〇〇〇年平均）です。クロロフィルとは、太陽光を良く吸収して光合成を進行させる色素分子です。この作用は炭酸同化作用と呼ばれ、炭酸ガスを還元して炭水化物に、水を酸化して酸素にする反応であることはよく知られています。

図Ⅲ－1は、白黒のためわかりにくいですが、この本のカバーにカラー図版をのせています。この図を見ると、南米アマゾンやシベリアの地上を覆う植物に由来するクロロフィルに加えて、太平洋や大西洋の北部海域にクロロフィル分子が濃く分布（カバーのカラー図では、黄色から赤色になるほど分布が濃くなる）しています。実は海域に見られるクロロフィル色素は、魚介類の食物である植物性プランクトン（光合成バクテリア、光合成細菌）や緑色海藻の中にあります。注目すべきは、赤色で示される高濃度のクロロフィルが、アマゾン川河口、揚子江河口に加えて、黒海やカス

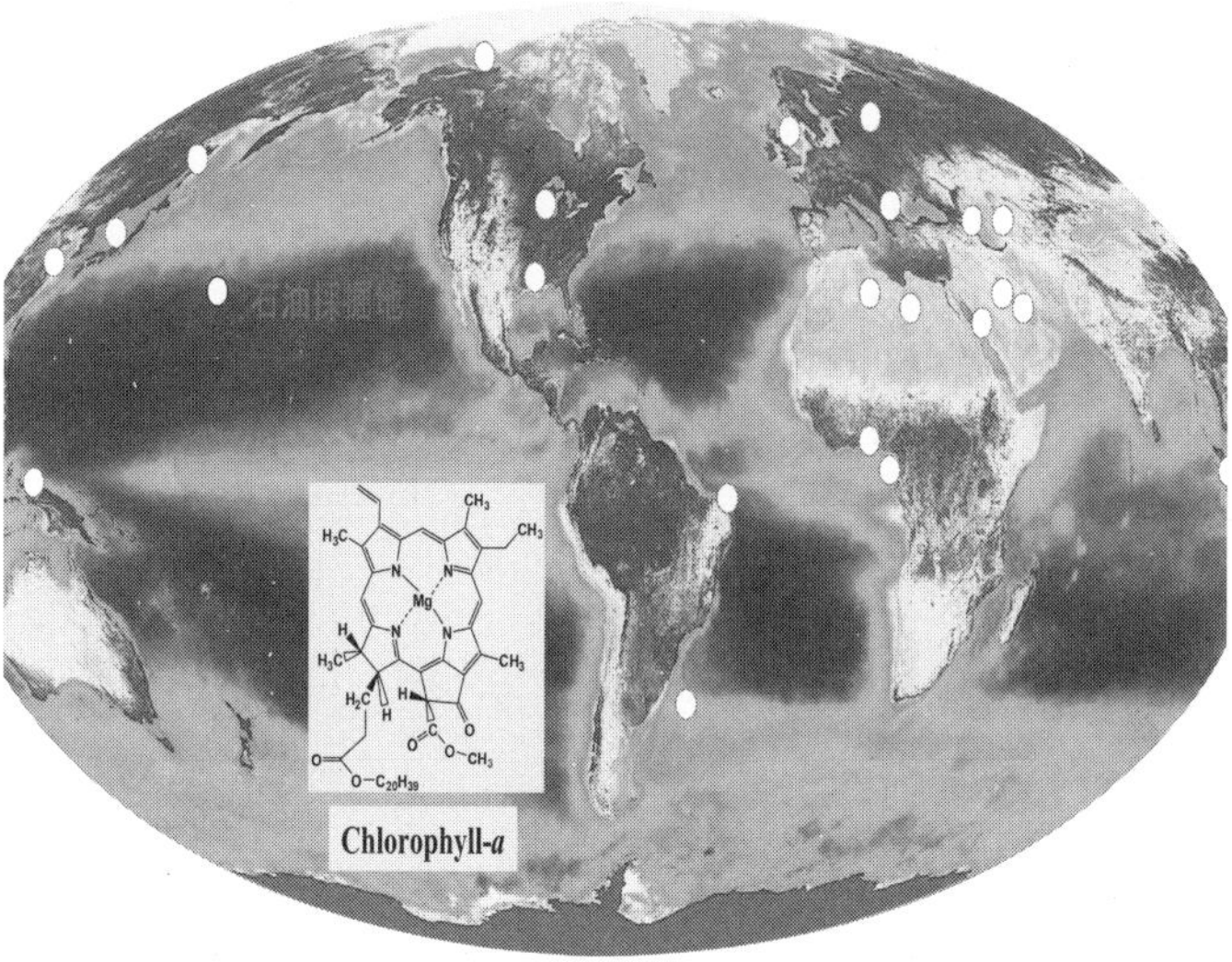

図Ⅲ−1　地球上のクロロフィルの分布と石油埋蔵地点

ピ海域、そしてシベリアの氷点下海域に存在しています。このことは、地球上のある特定の海域圏において光合成が活発であることを示します。すなわち、水中の光合成反応は、比較的低温・寒冷地域、かつ、光合成に必須のマグネシウムイオンや鉄イオンが供給される河川が流入している海域で特に活発であることを物語っています。事実、クロロフィルの多い太平洋・大西洋北部海域は、現在の世界三大漁場として魚介類が大量に捕獲できるところです。

　図Ⅲ－１中の丸印（カバーではグレーの丸印）は、石油が発見・発掘されてきた地域です。最近、高騰している石油も、実は、過去約二億年間降り注いだ太陽光エネルギーの働きがあって、水中で発生し続けた植物性プランクトンが堆積・変化したものです。従って、石油・石炭を用いる火力発電も太陽光が蓄積した物質を電気に変換したことになるのです。

2　光合成反応における分子の役割

アインシュタインによって証明されたように、光のエネルギーの大きさは「光の波動性とエネルギーの関係式」

光のエネルギー＝プランク定数（h）×光の振動数（ν）（光の速度を波長で割った数）

で示します。

振動数の多い光（波長の短い光）ほど大きいエネルギーを持っているということになります。紫外光のほうが赤外光よりエネルギーが大きいということです。物質や空間には電子という、マイナスに荷電した粒子が充満しています。光を吸収した物質は、光というエネルギーを受け取ることで、電子のみが活発に動き始め、光エネルギーは電子エネルギーとして、物質・分子間を移動します。その結果起こる反応の一種が光合成反応です。

太陽光による光合成反応に魅せられた科学者は古くから、光合成反応を人工的に構築して、太陽光エネルギーを化学物質に変換・貯蔵しようとしてきました。光化学反応の父と言われるイタリアの化学者サイアミシアン博士は、二〇世紀初頭、ベンゾキノンとエタノールの混合溶液に五カ月間太陽光を照射し、図Ⅲ－２に示す光による酸化還元反応（異なる物質の間で電子が移動する反応）を見出しました。

人工的光合成の方法

図Ⅲ－２で示された光反応は、エタノールが持つ二個の電子がベンゾキノンに移る電子移動反応です。図Ⅲ－２にはエタノールの電子密度の高い軌道（ＨＯＭＯ軌道）とベンゾキノンの電子密度の低い軌道（ＬＵＭＯ軌道）を示しましたが、これらの分子は、多分、五ヵ月の太陽光照射の結果、分子間で、ＨＯＭＯ／ＬＵＭＯ間の二電子移動が起こると同時に、エタノールから二個の水素イオン（プロトン）も移動した結果、エタノールはアセトアルデヒドになり、ベンゾキノンは二個の電子と二

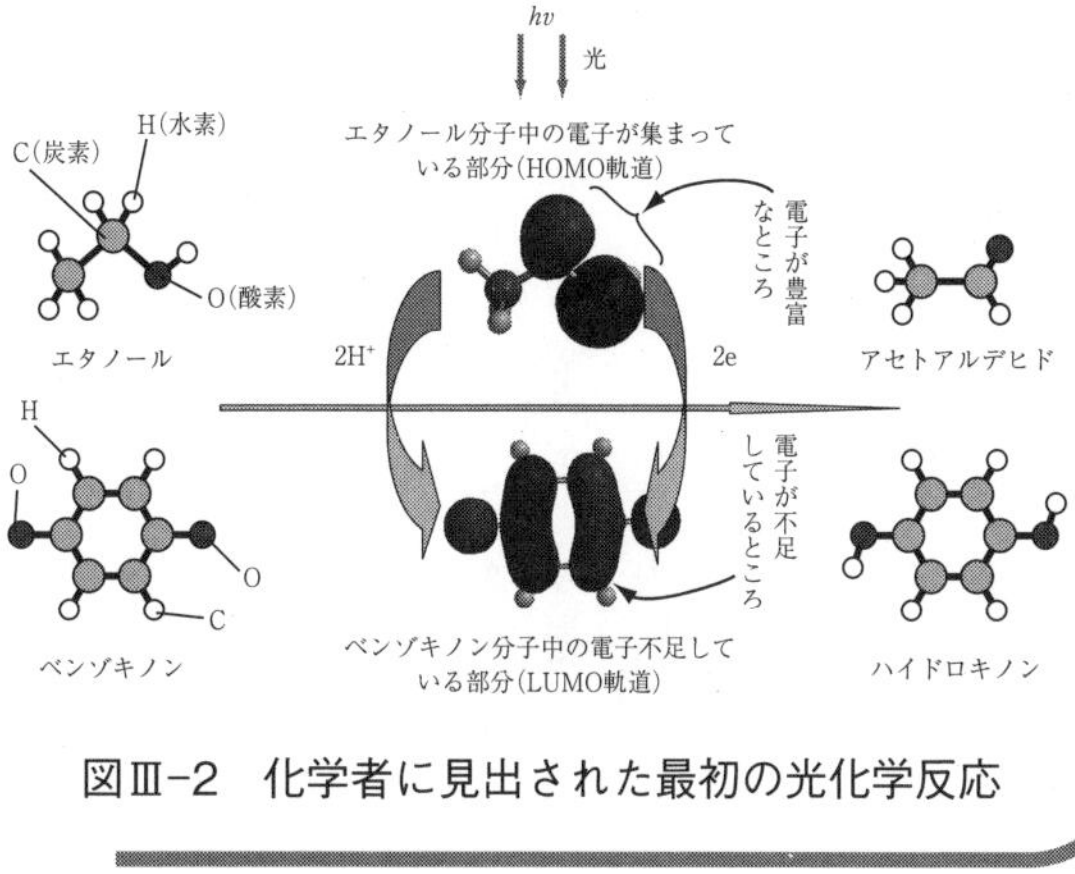

図Ⅲ-2　化学者に見出された最初の光化学反応

個のプロトンを受け取り、ハイドロキノンとなります（分子間の光による電荷分離と呼びます）。
この反応は、人類が最初に見出した光によって起こる反応の一つです。溶液に溶かしたエタノールとベンゾキノンの間の電子の再配分はどうして起こるのでしょうか？ 地球上の生物進化の前に起こる化学進化を示すこの種の光化学反応は、分子軌道計算である程度推定できます。エタノールとベンゾキノン分子は水素結合によってまず会合します。それぞれの分子軌道計算によって電子の豊富なエタノール分子のＨＯＭＯと電子が不足気味（電子がカルボニル基に偏在すると考えてもよい）のベンゾキノン分子のＬＵＭＯを考慮すると、熱エネルギーを吸収することによって互いにＨＯＭＯ面とＬＵＭＯ面を合わせるように会合します。このような状態で、今度は光エネルギーを吸収すると、、エタノール分子の電子がベンゾキノン分子に移り動くことができると考えます。

そのような様子をエタノール分子とベンゾキノン分子の水素結合状態から、両者のＨＯＭＯとＬＵＭＯが出会う寸前の電子密度と正電荷密度（それぞれ電子も正孔もその密度の高い部分は濃い色で表示しています）を経由して、二分子が面と面で合体した分子モデルを示しました。光エネルギーを得た時に電子が移り易い状態とは、きっとこのような分子間の強い分子軌道間の関わりが関与しているのでしょう。

右の「人工的光合成の方法」では光エネルギーを吸収した電子の移動によって、電子を受け取った分子はより高いエネルギー物質に変換されたことになります。

光エネルギーを得た電子が物質・分子間を移動・再配列することによって、結果的に両者の物質・分子の全エネルギーは、吸収光エネルギー分だけ高まることになります。化学反応を起こす直前に、分子が受け取った光電子を、工夫して外部に取り出せれば太陽電池にすることができます。最近、光合成バクテリアの光合成における分子レベルの結晶構造とその光電子移動現象の解明がなされています。バクテリアクロロフィルのスペシャルペア（たんぱく質と結合した一対のクロロフィルで近赤外光の最大波長八七〇ナノメートルの光を吸収して電子を出す物質）が光エネルギーを吸収して光合成組織系の末端に位置するユビキノン物質（細胞のミトコンドリア内に存在し、電子を伝達する物

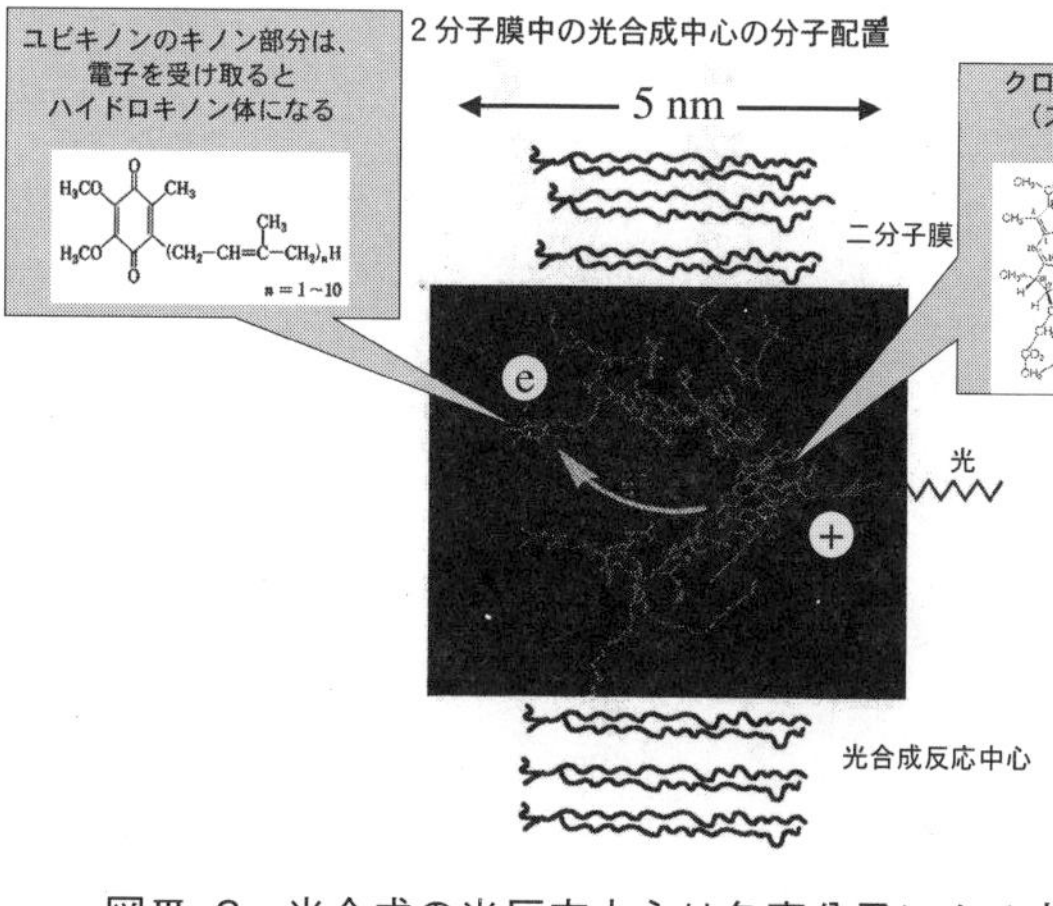

図Ⅲ-3　光合成の光反応中心は色素分子による太陽電池

質で、補酵素の一種。老化防止のコエンザイムQ10もこの一種）へ電子移動させます。そのような電荷分離状態の寿命は一秒もあって、二分子膜の厚さが五ナノメートル程度と極めて薄いにもかかわらず大変長寿命であり、光合成における電荷の分離は驚くべき光発電の原型と言える分子太陽電池の基本構造を有していることになります。

3　物質に光が照射されて電気を発生する驚きの歴史

光エネルギーを固体物質に照射することによって光電流を最初に観測したのが、今から約一七七年前、フランスの物理学者のベクレルの光電池であると言われています。光電池とは、白金板と金属板を酸性の水溶液に浸した簡単な装置です（図Ⅲ－４ａ）。この装置の金属板に強い光（紫外線）を当てたところ、両金属電極に光電流が観測されたのです。特に、金属板上に塩化銀、臭化銀を塗布しておくと電流の流れが良くなることを述べています。この銀塩の光感受性の発見は、その後、銀塩写真として発展しました。今から約四〇年前、東大の本多健一・藤嶋昭先生が、金属板として酸化チタンを塗布した光電池に、光を照射することで光電流の観測のみならず、酸化チタン層から水の酸化による極微量の酸素発生を観測しました。この「温故知新」の発見は「本多・藤嶋効果」と呼ばれ、酸化チタンの光触媒技術の原理として、また、後述の色素増感型酸化チタン太陽電池と

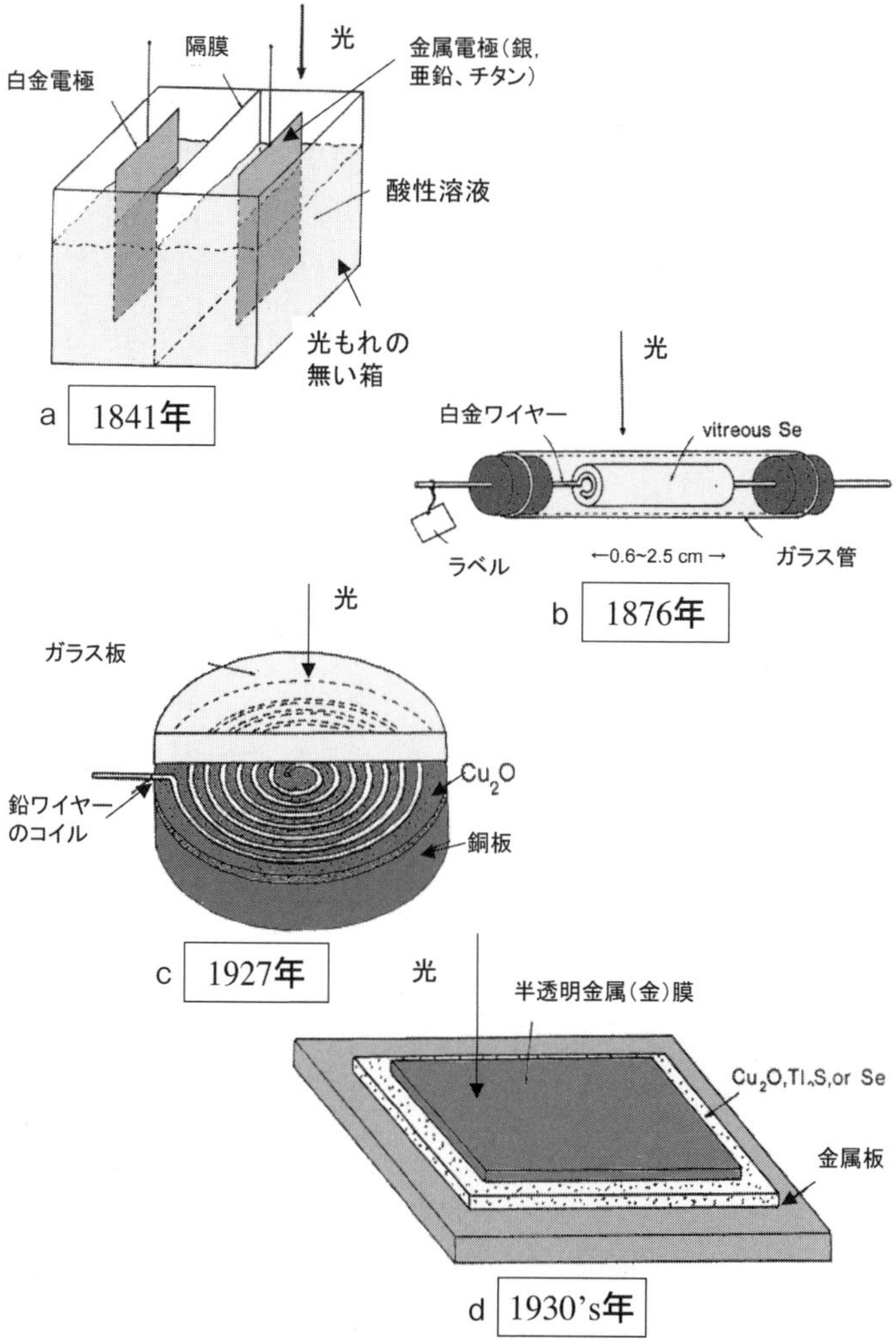

図Ⅲ-4　光による発電を観測した装置の歴史

出典：Photovoltaics: systems and Applications PVCDROM　Christlana Honsberg & Stuart Bowden I.O, 1999　オーストラリア大学ニューサウスウェールズ　より

して発展します。

一方、一九世紀末には、光を照射すると電子が動きやすくなる（光伝導性を示す）セレンに光電流が観測されました（図Ⅲ－４ｂ）。その約五〇年後の二〇世紀初頭に、同じく光で伝導性を示す赤黄色の酸化第一銅膜に銅金属膜と鉛線を接続した固体の光電池が発明されました（図Ⅲ－４ｃ）。酸化第一銅と金属膜の界面で、電流が一方向にのみ動く効果（専門的には整流効果を示すといいます）が注目されました。さらに、金属基板上にセレンや酸化第一銅の薄膜を塗布し、その上に薄い透明金属膜を窓電極とする薄膜半導体太陽電池が考案されました（図Ⅲ－４ｄ）。

その十年後米国の電話会社（現アルカテル・ルーセント社）ベルテレフォン研究所の研究者達は、純度の高いシリコンの物性を研究していました。高純度のシリコンを一旦溶融して固めたシリコン鋳塊を、ある方向に切断しその電気伝導性を研究している過程で、偶然に、そのシリコン膜の電気伝導に方向性が存在することと、光を当てると電気伝導度が増大する現象を発見しました。

これがシリコン太陽電池の先駆けとなったのです。

Ⅳ　半導体太陽電池が地球を救う

岡本　博明・外山　利彦

1954年シリコン太陽電池の原型を創り出したベルテレフォン研究所の左からパーソン、シャピン、フーラー
写真提供：アルカテル・ルーセント　ベルテレフォン研究所

1　地球を汚さないエネルギー

私たちを取り巻く空気・気温や水などの自然環境は、火山活動や地殻変動などの地球自身の活動と、太陽からの膨大な光エネルギーの恵み、そして、それらに育まれた植物たちの長い年月をかけた生命の営みによって形造られてきました。逆に言えば地球上に、蓄えられた元素で創られた植物や動物といった地球同胞である生命体は、その時代時代の地球環境に順応して自らを変貌させ、気の遠くなる時間をかけて、私たち人類を含む現在の生態系に至ったものと考えられます。つまり、もし、地球環境が急激に変わってしまうと、私たちが、それに耐えて生命を存続させていくことは難しいと危惧されるわけです。

よく「エネルギーをつくる」との表現がされますが、それは、私たち人類の傲慢な言い方です。私たちにできるのは、閉じ込められたエネルギーをちょっとだけ解き放つこと、そして、その形を使い易いように変えることだけなのです。私たちに与えられたエネルギー源は、一つには、私たちを含めた地球上にあるすべての物質（元素、分子、そして、それらの集まり）、と太陽から降りそそぐ光などです。物質はエネルギーを閉じ込めたものと考えられ、原子核レベルでの原子核エネルギー、分子レベルでの燃焼・化学エネルギーなどが地球自身が保有するエネルギー源と言えます。また、太陽光エネルギーは、私たちに光と熱を与えるとともに、海の水を蒸発させ雨をつくり（水力）、さらに、空気の対流にそくして風を産みます（風力）。

原子核エネルギーは、例えばウラニウムの原子核分裂を促進することにより、熱を含むさまざまなエネルギーに変えることができます。しかしながら、現在の私たちの拙い科学技術で利用できるのは熱エネルギーのみで、この原子核反応により、私たちに有害な放射線同位元素が副産物として生じることになります（もちろん、一部は再利用できます）。分子レベルでの燃焼・化学エネルギーの代表的なものは、地球上に蓄積された植物や動物の死骸で、木炭、石油や天然ガスなどの化石燃料と称されるものです。これらを燃やすことによって、蓄えられたエネルギーを解き放ち、熱エネルギーを得ることができます。当然ながら、その代価として、二酸化炭素や窒素酸化物などが地球大気中に排出されることになります。こうやって得られた熱エネルギーは、そのまま利用したり、例えば、水を蒸発させて、水蒸気噴出力で、タービンなる発電機を動かして、電気エネルギーを得ています。

このように、地球自身が保有するエネルギーを無理矢理にも解き放とうとすると、地球環境に悪影響を与える副産物が生じるのは当然の結果と言えます。太陽が行っている水素核融合などを実現できれば、その地球環境へのプレッシャーは最小限にとどめられると期待されますが、私たちの科学技術水準はそこまで達していないのが現状です。木炭、石油や天然ガスなどの化石燃料を燃やすという単純なエネルギー技術は、重要な産業資源（プラスティックなどの多くの化学製品の元）を無くしてしまうだけでなく、私たちの生命維持に適した地球環境に取り返しのつかない破壊を与えることになるのです。

地球は、ある意味で、この宇宙で孤立した存在ですから、その中だけで、何かを人為的にしようとすると、どこかに、そのひずみが生じるのは、当たり前のことと言わざるを得ません。それが、地球を汚す結果となるのです。そう考えてくると、現在の私たちが、私たち人類の生命を保ち、文明を維持・発展するために必須なエネルギー源として頼ることのできるのは、地球外から与えられる太陽エネルギー以外にはないものと思われるわけです。それは、雨を降らせ、水力発電を可能とし、風を起こし、風力発電を実現させます。さらに、太陽熱は、うまく使えば、小規模な火力発電の真似ごとぐらいはできるし、太陽光は、太陽電池と名づけられた半導体素子により、直接的に電気エネルギーに変えることができます。こうやってクリーンな電気が得られれば、後は、これまでの科学技術をより進化させることにより、地球上のすべての植物、動物同胞たちと共生して現在の私たち、そして、子や孫の世代まで豊かに生きていけるでしょう。太陽光が世界をつまり地球の未来を救うことになるのです。

2　シリコン太陽電池の出発点

現在太陽電池の主流となっているシリコン太陽電池は、セレン薄膜での太陽電池機能が見いだされた一〇年後の一九四一年にその産声をあげました。

ベルテレフォン研究所の研究者が偶然に、シリコン膜の電気伝導に方向性が存在することと光を当てると電気伝導度が増大する現象を発見しました。さらに、シリコン層の両端を電気的に調べた結果、電流を担う粒子の電荷の符号が相互に異なることに気づき、負電荷（マイナス）が支配的な領域をｎ（negative の頭文字）層、正電荷が主流となる領域（プラス）をｐ（positive）層と命名したのです。この発見を踏まえて、さらに純度の高いシリコンに微量の不純物を添加することで性能を高め、ｎ型層とｐ型層シリコンの製造方法が確立されました。そして、一九五四年に至ってベルテレフォン研究所の三人の研究者、シャピン（Chapin）、フーラー（Fuller）、パーソン（Pearson）によって、現在活躍している結晶シリコンｐｎ接合太陽電池の原型が創り出されたのです。

3　シリコン太陽電池に光があたって発電する仕組み

では、そのような太陽電池がどのようにして光に反応して、電気をつくり出す（つまり、発電する）のかを、シリコン太陽電池を例にして説明してみたいと思います。これはエレクトロニクス専門の学生達を相手にしても、かなり難しいことです。しかしこの本の性格上この話はさけて通れません。できるだけやさしく説明してみますので、ちょっと我慢して読んでください。わかりやすくするために、科学的な厳密さにはあえて目をつむった部分もあります。

原子と電子と材料

あらゆる物質は原子という単位から成り立っています。たとえばシリコンの原子は中央に一四個の陽子（プラスに荷電した粒子）と一四個の中性子（電気的に中性な粒子）からなる原子核があり、これを一四個の電子（マイナスに荷電した粒子）がとりまいて一個のシリコン原子となっています。電子は中央の原子核によって拘束されているため、原子の中では一定の軌道にしか存在できません。陽子のプラスと電子のマイナスが打ち消し合って、ひとつのシリコン原子は電気的に中性を保っています。

太陽電池に使われるシリコン材料は、シリコン原子がたくさん集まってできています。材料を構成する原子をバラバラにならないように結びつけているのは電子です。シリコンの一四の電子のうち四個は原子核の拘束が比較的ゆるく動きやすい電子（自由電子）であり、この自由な電子が隣り合う四つのシリコン原子の電子と同じ軌道を共有することで電子がいわば接着剤の役割を果たし原子がバラバラにならないようにしているのです（図Ⅳ－1）。

こうして一個のシリコン原子の周りに等距離に四個のシリコン原

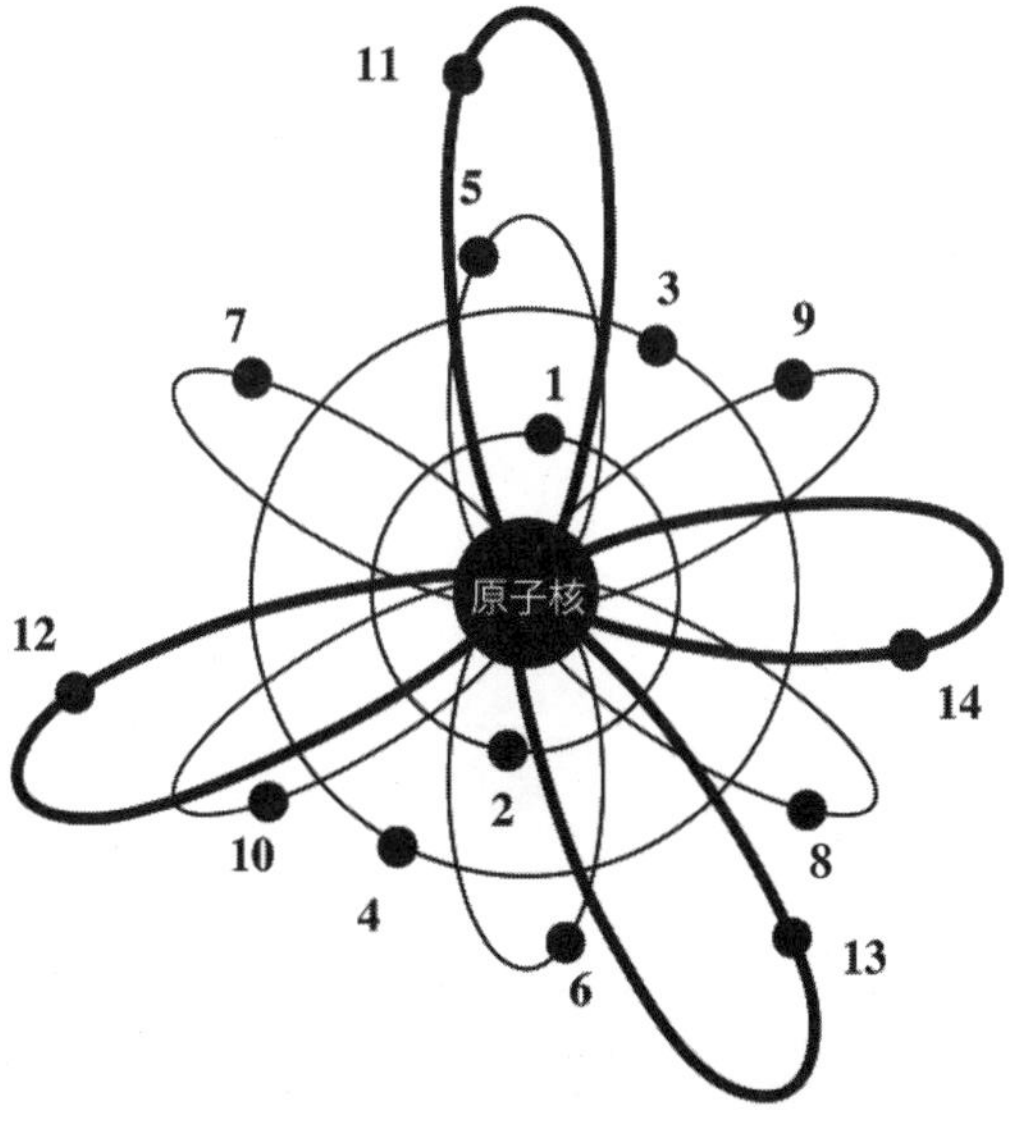

図Ⅳ−1　シリコン材料中の電子の軌道

1番から10番までの電子は、原子核に引きつけられているので動けないが、11番から14番までの電子は、自由電子となり、隣の原子の自由電子の軌道に移り、材料内を動き回れる。

子が固定された網目構造が無数にできることでシリコン材料ができあがっています。原子一個のなかでは比較的動きやすかった自由電子は接着剤として使われた結果、材料のなかでは自由度を失います。

エネルギーバンド

だんだん聞き慣れない言葉がでてきますが、図Ⅳ－2を参照しながら我慢して読み進めてください。

さて、このようにして原子が集まってできているシリコン材料の中では電子はある限られたエネルギーの幅のなかにのみ存在することができます。これをエネルギーバンド（幅）といいます。

純度の高いシリコン材料の場合には通常は低エネルギーレベルのバンドにのみ電子が存在してお

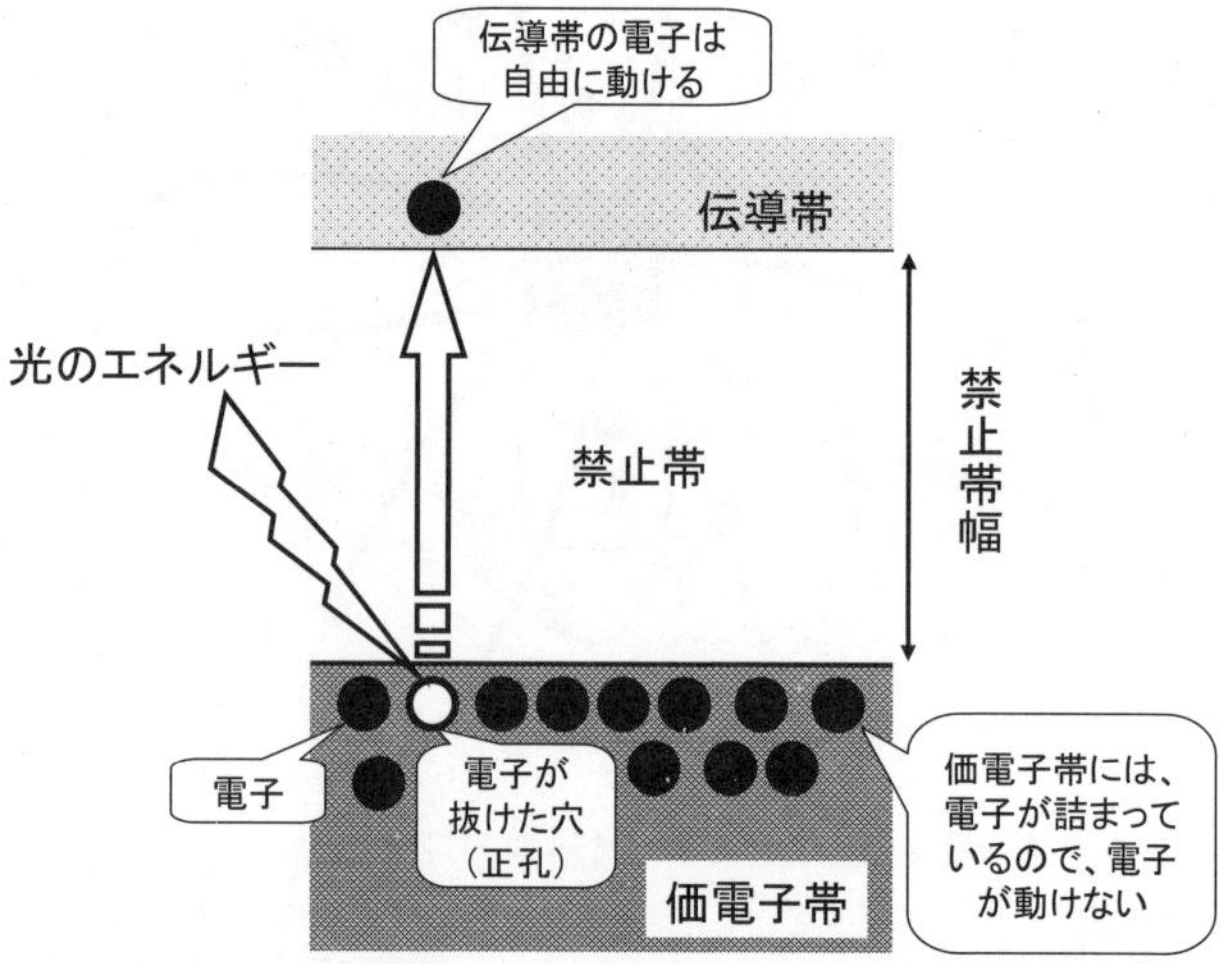

図Ⅳ−2　エネルギーバンド

り、高エネルギーのバンドには電子が存在していません。一個の原子のなかでは比較的自由な電子を持っていたのですが、原子同士をくっつけるために、その自由電子を接着剤として使ってしまい、高エネルギーバンドの電子がなくなってしまったのです。

高エネルギーのバンドを伝導帯と呼び、低エネルギーのバンドを価電子帯とよびます。伝導帯に存在する電子だけが電気を流す役割を果たすことができ、価電子帯にある電子は電気を流す役割をはたしません。（価電子帯にある電子は低エネルギーなので材料の外に飛び出しにくいと考えてください）。たとえばシリコンの板の両端の一方に乾電池のプラス極を、もう一方にマイナス極を接続しても、シリコンの場合、伝導帯には電子がありませんので、通常の状態では電気は流れません。

銅などの金属材料の場合には伝導帯にたくさんの自由に動ける電子が存在しています。そこで金属材料の両端に同じように乾電池のプラスとマイナスを接続すると伝導帯にある電子はプラス極に向かって流れていき、電気は電子の流れとは逆の方向すなわちプラス極からマイナス極に向かって流れます。

光や熱などの外部からの刺激が加わると、低エネルギーのバンド（価電子帯）から高エネルギーのバンド（伝導帯）に電子が飛び出すことがあります。実は価電子帯と伝導帯の間には禁止帯と呼ばれる「電子が存在できない」エネルギー領域があり二つのバンドの間の電子の移動を制限しているのですが、加えられた外部刺激のエネルギーが禁止帯の幅より大きくなると電子は伝導帯へ飛び移るのです。

電気をよく通す金属の場合は禁止帯の幅がきわめて狭いので、電子が簡単に伝導帯に移ることができ、電気の良導体となります。一般に絶縁体といわれる材料はこの幅がきわめて大きいのでほとんど電気を通しません。

シリコンの場合にはこの禁止帯の幅は金属と絶縁体の中間にあり、条件によって電気を通したり通さなかったりします。半分だけ電導する物質ということから、半導体とよばれます。

シリコン半導体に光があたると発電する

半導体であるシリコンに一定のエネルギー以上の光があたると、価電子帯の電子がエネルギーを得て禁止帯を飛び越えて伝導帯に飛び出します。価電子帯の電子の抜けた穴はプラスの電荷を持った粒子とみなすことができ、これを正孔とよびます。こうして生まれた伝導帯中の電子と価電子帯中の正孔が電気の流れを生み出し、発電することになります。

p型半導体とn型半導体

純粋な半導体（真性半導体）では、伝導帯には電子がほとんどなく、価電子帯はほぼ電子で埋め尽くされていて正孔はほとんど存在しません。純粋なシリコンにリン原子、ボロン原子をごく少量混入させたとします（不純物ドーピングと称しています）。リン原子を添加すると、一つの電子が余りものとして結晶シリコンに供給され、またボロン原子を添加すると、一つの電子が足らないため結晶シリコンから抜き去られます（正孔が供給される）（図Ⅳ－3）。このようにして少量の不純物を添加することによって、伝導帯中に余分の電子をもつ半導体（n型，negative 負の意味）や荷電子帯に余分の正孔をもつ半導体（p型，positive 正の意味）を作ることができ、元来は絶縁体に近い真性半導体と比較して格段と大きな電気を流したり、電気を担う電荷（電子か正孔）を制御することが可能となるわけです。リンを添加した場合にn型半導体に、ボロンを添加した場合にp型半導体になるわけです。

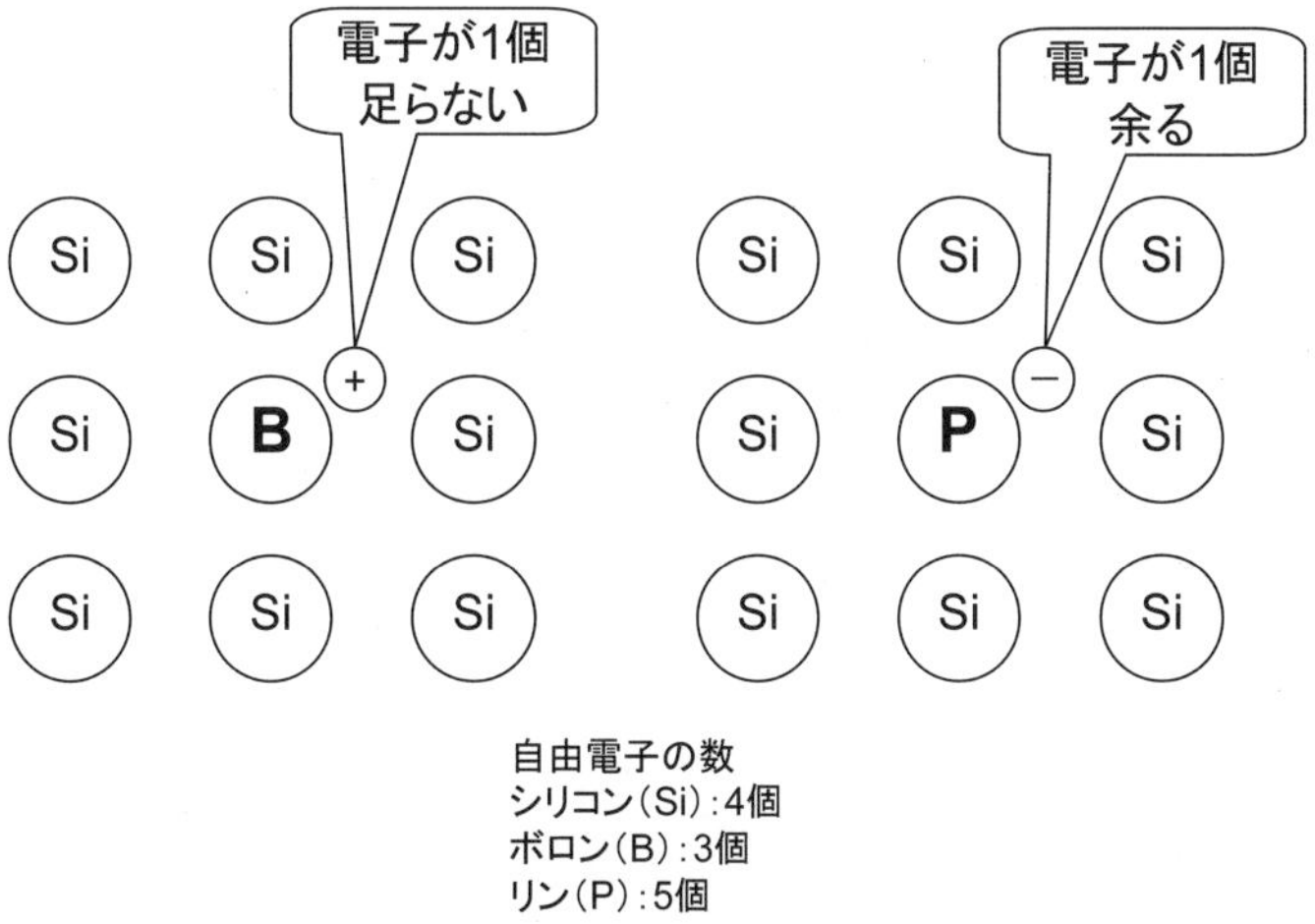

図Ⅳ−3　p型半導体とn型半導体

シリコン原子10万個から10億個に対して原子1個の割合で不純物（ボロンやリンなど）を混ぜるとp型半導体やn型半導体になる。

ｐｎ接合

さて、上記のｐ型とｎ型半導体とを接触させて、ｐｎ接合と称される構造を作ったとします。電荷の拡散という物理的概念に従うと、たとえば伝導帯において電子が濃く存在するｎ型層から、希薄なｐ型層へと電子が拡散して、ｎ型からｐ型へ向かう電子の流れが生じます。同様の現象は、価電子帯中の正孔でも起こりますから、結局のところｐｎ接合を電気的に接続すると、ｐ型層からｎ型層への電流（正電荷の流れ）が誘起されることになります。

しかし、ｐｎ接合が形成されただけで「電流が生じる」などは、自然法則に反するもので、許されてはおりません。現実的には、このような電流、あるいは拡散をうち消すようにｐ型層とｎ型層との接触領域に「電位差」が生じるのです。単純にいえば、電子がｎ型層からｐ型層へ移動することと、また、正孔がｐ型層からｎ型層へ移動することを阻止する段差のようなものです。

いよいよ太陽電池の働きについての本論に入ります。ｐｎ接合に光を照射したとします。光は光量子といわれるエネルギーをもった粒子ですから（紫外→青→緑→赤→赤外の順にエネルギーが低い）、もしそのエネルギーが、先に述べた禁止帯幅より大きければ、価電子帯中の電子を、伝導帯に叩き上げることができます。これによって伝導帯中に余分な電子、また価電子帯中に余分な正孔（電子が抜けた穴）が生成されます。ｐ型層とｎ型層でも同様に電子・正孔の生成が生じますが、ｐ型層で作られた余分の電子、またｎ型層で作られた余分の正孔は、ｐｎ接合接触領域に存在する段差の力に従って、それぞれｎ型層、ｐ型層に流れ込み（図Ⅳ－４参照）ｐｎ接合の両端回路をショート（短絡）して接続しておくと、この回路には、光照射による電流が生じることになります。これを、短絡光電流と読んでいます。さらに、ｐｎ接合の両端回路をオープン（開放）した状態であると電流が流れることは許されないので、そうならないように段差を低めるべく、ｐｎ接合両端に光照射による逆の電位差（電圧）が生じます。これを開放端電圧と称していて、原理的には段差の大きさで制限されています（一般的には、見慣れた乾電池の半分ぐらいの電圧）。ただし、上記した短絡や開放端のような環境では、電流×電圧で与えられる電力は得られません。太陽電池が発電機として機能するためには図Ⅳ－４に示したように電球などの適切な外部負荷（Ｒ）が接続されていることが必要となります。

次に、このような太陽電池の特徴をどのように私たちの実生活に活かすかの話題に移ることにします。

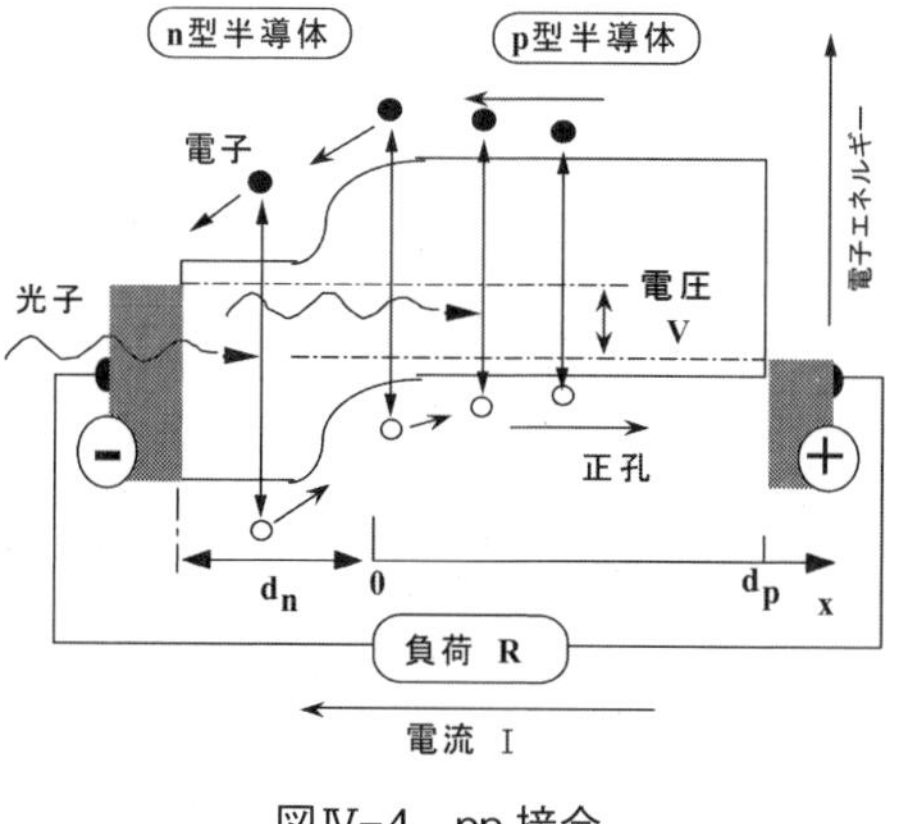

図Ⅳ-4　pn接合

4　未来エネルギーとしてのメリット

太陽光は無尽蔵で「ただ」

太陽電池によって太陽エネルギーを直接電気エネルギーに変換する「太陽光発電システム」は、入力となる太陽光線が無尽蔵で、しかも「ただ」であるということが最大のメリットです。昼間、晴れの日、日当りのよい地域・緯度には、いつでもエネルギーが得られるのです。石炭や石油は、入手するためには費用と輸送が必要ですが、太陽光はそれらが何も必要ないことを人は忘れがちです。これに加えて、ほかの発電システムでは考えられないいくつかのユニークな特徴をもっています。まとめて列挙すればつぎのようです。

a．可動部がなく静かでクリーンなエネルギー

光から電気エネルギーへの変換は半導体特有の量子効果によるため、火力や原子力発電のようにタービンや発電機のような可動部分がありません。したがって、雑音や放射能漏れや爆発の危険もなく、むろん、有害ガスの発生もない。文字どおり無公害なクリーンエネルギー変換方法です。

b．維持が簡単で、自動化・無人化が容易

回転軸や高温高圧の部分がないということは、いわば機械的に摩耗することもなく、潤滑油も不必要です。これまでにも人工衛星や無人灯台などの電源としてすでに実証されているように、運転維持が簡単で、システムの無人化や自動化ができます。

c．規模の大小にかかわらず一定効率で発電

太陽電池の変換効率は、その利用システムの規模の大小にかかわらず、ほぼ一定です。例えば、二〇〇八年時点で世界最大といわれる、スペインのカスティラ・ラ・マンチャの六〇メガワットの大規模太陽光発電所でも、電卓用の二〇ミリワットの小さなモジュール電池でも、並べる電池の数量が変わるだけで、同じ変換率で発電が行えるのです。この長所は、太陽電池が内部光電効果によって光を直接電気に変換することから生まれるもので、原子力発電や光熱発電システムのように、機械エネルギーや熱エネルギーを介した発電方法ではとてもまねできない特徴なのです。

d．モジュール構造のため量産性に富みスケールメリットが大きい

太陽電池はコンパクトなパネル（モジュール構造）として製造されるため、一度に大量生産でき、需要が拡大すると連続自動化製造工程などによって低コスト化が図れます。つまり、トランジスタ

など半導体素子と同様に量産化による低コスト化効果がきわめて大きいのです。

e．拡散光によっても発電する

ソーラ電卓がホテルのロビーや蛍光灯下でも動作するように、太陽光発電は直射日光でも、雨の日でも、つまり拡散光でも、入射光のエネルギーに応じた発電ができます。これも量子効果に基づくこの発電法の長所です。

f．これまでは放棄していたエネルギーの有効利用

太陽光発電はその変換効率が低いといわれています。しかし、これは例えば化石燃料を用いたときに蒸気タービンがよいか、ガスタービンがよいか、という変換効率に関する議論と混同してはなりません。つまり、火力発電で総合変換効率が三八パーセントというのは、六二パーセントの重油を無駄に燃やし、しかも大気を汚染しているということです。これに比べて太陽電池の変換効率が一五パーセントという場合、その燃料はもともと「ただ」で、本来放棄していたエネルギーのうち一五パーセントを電気に変えて拾い込み、有効利用するという点に大きな違いがあるのです。

5　現在普及している太陽電池

最も多く製造され、使われているのは結晶シリコン系の太陽電池です。それは、シリコンという元素が地球上に豊富にあり（簡単に言えば、どこにでもある砂の成分）、また無害です。これまでシリコン原料の製造は半導体エレクトロニクス産業において培われ、成熟した技術があります。それによって太陽電池を製造できるからです。結晶シリコンは、皆さんが何気なく使っておられる様々な電子機器（テレビ、携帯電話、デジタルカメラ、パソコン等）に組み込まれ、「小さくて高価」な部品として活躍しています。

しかし、これとは対照的に、太陽電池では「大きくて安価」なことが求められますから、一般的なエレクトロニクス産業で使われる単結晶シリコンと称される、宝石ダイヤモンド並みの高品位材料ではなくて、少し程度の劣る多結晶シリコンという材料が、現在の太陽電池材料の主流となっています。この大面積・低価格化をさらに発展させたのが、非晶質とか微結晶質シリコンとよばれる材料で、これらは、従来の〇・三ミリメートル厚の板（ウエハーといいます）ではなく、その一〇〇分の一程度の厚さの薄膜として、ガラスやプラスチックフィルムの上に作ることができます。したがって、大面積・低価格に加えて、省資源や量産性に富むとの特徴が得られるため、これからの太陽光発電の本格化には必須の材料の太陽電池として期待されています。もちろん、現在のところ、太陽電池としての性能は、単結晶シリコン、多結晶シリコン、薄膜系シリコンの順となりますが、性能・価格バランスと用途などにより、どれを選択するかは、ユーザーである私たちに委ねられています。

　ここまではシリコンだけについて述べましたが、太陽電池に使える半導体は、他にもたくさんあります。シリコン(Si)は、元素周期律表（下記）では、第Ⅳ族に属します。このⅣ族元素である炭素(C)やゲルマニウム(Ge)もまた、同様に「半導体」的性質を持ちますから（Cはダイヤモンドの場合）、これら、あるいはそれらを混ぜ合わせた材料で太陽電池を作ることも可能です。さらに、足して平均してⅣ族的になると「半導体」として振る舞うことが知られていますから、例えば、Ⅲ族のホウ素(B)、インジウム(In)、ガリウム(Ga)などと、Ⅴ族の窒素(N)、リン(P)、ヒ素(As)などを適当に混合したⅢ-Ⅴ化合物・混晶材料、また、Ⅱ族の亜鉛(Zn)、カドミウム(Cd)などと、Ⅵ族の

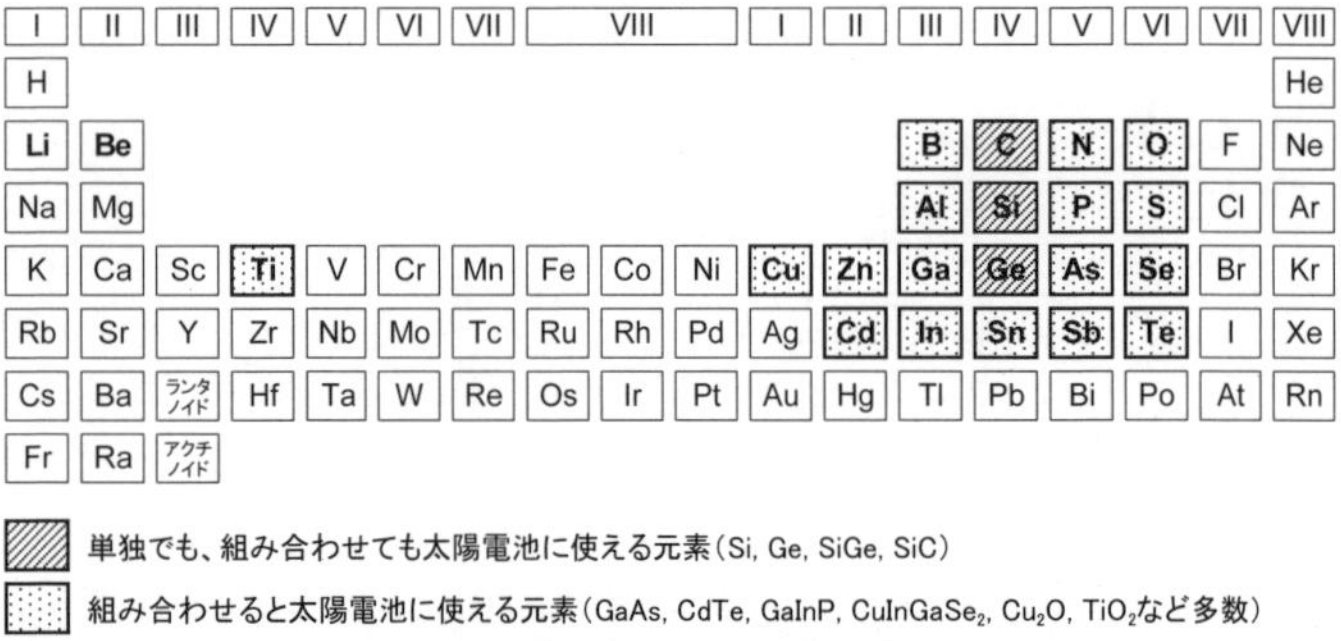

図Ⅳ-5　周期律表の中の太陽電池に使える元素

酸素（O）、イオウ（S）、セレン（Se）、テルル（Te）などを組み合わせたⅡ－Ⅵ化合物材料も、太陽電池用材料となります。実際、Ⅲ－Ⅴ化合物・混晶系太陽電池では、シリコン系をはるかに凌ぐ高い性能が得られ、また、Ⅱ－Ⅵ化合物系では、薄膜型太陽電池として、薄膜シリコン系と同様の大面積・量産化が達成されています。ただ、性能がいいからといって、極めて高価でかつ稀少な元素を使用することは、地球環境に関わることでもあり、様々な角度から検討されるべきです。

いろいろな太陽電池材料について紹介してきましたが、その開発の目的は共通で、ただ一つ「太陽電池で地球を救う」ですから、どれも私たちにとっては大切な太陽電池ファミリーの仲間であることにかわりはありません。それは、次の章で紹介される新しい太陽電池群を含めてのことです。面積の限られた個人住宅に設置する、少し余裕のある公共施設などに設置する、広い平原などに設置する、などの様々な環境に応じて、どのような太陽電池を選び、それらを最大限活用するためのシステム化を行うかが、私たち人類の「知恵の見せ所」となります。それはしかし、もう、私たち個人、太陽電池研究開発者、太陽電池メーカー、電力関係企業などの単独作業の域を越えるもので、「食料もエネルギーも自立させることのできていない」わが国行政の府にも、将来を見据え、かつグローバルな観点から「地球を救う」べく、今こそ、本気になって汗をかいていただきたいと望むところです。

太陽電池の性能、それを決める要因、そしてさらなる発展

日本で、快晴・太陽が南中している時に、例えば、一メートル四方の所に振りそそぐ太陽光エネルギーは、約一〇〇〇ワットです。太陽電池の性能は、これからどれだけの電気エネルギーを産み出せるかという「エネルギー変換効率」で示されます。もし、変換効率が一〇％であると、一メートル四方の太陽電池からの電気出力は一〇〇ワットとなります。この変換効率は、当然ながら、高ければ高いほど望ましいわけですが、原理的には、単独の太陽電池を用いた場合には、その最大値は理想的にも、三〇％弱とされています。太陽電池で生成される電圧は、「p型層とn型層との接触領域に存在する電位差」に対応していて、3「シリコン太陽電池に光が当たって発電する仕組み」でくわしく述べている半導体の禁止帯幅（電子が存在できない領域の幅）で制限されています。また、光電流のもととなる電子・正孔対の生成は、入射光のエネルギーが禁止帯幅より大きいことが必要で、禁止帯幅が小さいほど、広い範囲の太陽光を吸収して、沢山の光電流が得られますが一方で得られる電圧は小さくなります。太陽電池からの出力電力は、電圧と電流の積で与えられますから、両者の兼ね合いで「ある適当な禁止帯幅」の半導体で、最大の変換効率が達成されることになります。禁止帯幅は、それぞれの半導体に

固有なもので、この最適条件が満たされるのは、単純な既存半導体では、例えば、ガリウム・ヒ素、カドミウム・テルル、シリコンなどにより、さらに化合物化して、この最適禁止帯幅近辺の半導体材料が作られ、太陽電池応用がなされています。

広い範囲のエネルギーを捉える

半導体で最大の変換効率を得るには、どうすればよいのでしょうか。物語はいたって簡単です。太陽光エネルギーには、単純には、青、緑、赤の光が混じっています。青→緑→赤の順に光のエネルギーが小さいのです。そこで、それぞれの光を捕えられる三つの半導体材料からなる太陽電池を、禁止帯幅の大きい順に、光入射側から並べて直列的に積層すると（図Ⅳ－6に示すように光入射側から、トップ、ミドル、ボトムとよぶ）、より広いエネルギー範囲の太陽光を受け入れることができます。トップ、ミドル、ボトムそれぞれの太陽電池は直列に繋がれていますから、得られる最大の電流は、ボトム太陽電池のみの場合に比較して、その三分の一にしかなりません。しかしながら、出力電圧は、三つの要素太陽電池からの電圧の足し算になりますから、ボトム太陽電池からの電圧を一とした場合、三以上になります。したがって、この積層した太陽電池の電気的出力は、ボトムだけの場合との相対比で、一を越えることになり、「積層化」によって、単独の場合より高いエネルギー変換効率を得ることが可能となります。

ここで紹介した様々な半導体群を上手に組み合わせて積層型の太陽電池を構成すると、変換効率四〇％程度は夢ではないことが示されます。

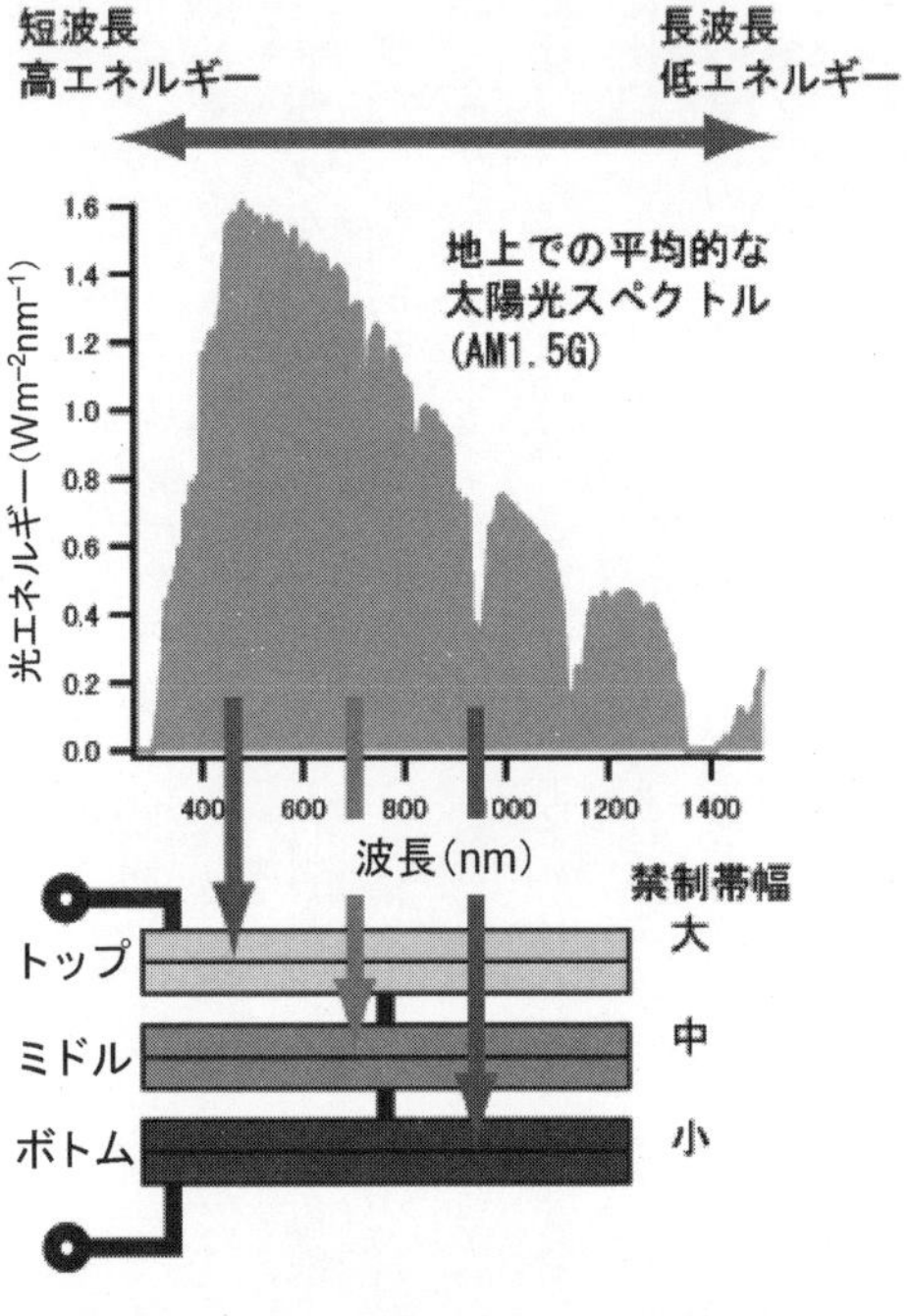

図Ⅳ-6　より高い性能を目指した積層型太陽電池

V 自然に学ぶ次世代の太陽電池

柳田　祥三

日々エネルギーを注ぐ太陽、育つ生きもの
©photo ABO

これまでシリコン系太陽電池のしくみやメリットについて見てきました。太陽電池がひとつの方法だけでなくあらゆる可能性を秘めていることがおわかりいただけたでしょう。つぎに光合成など自然界が行っているエネルギー変換を研究することで、ここ数年活発に進展してきた次世代のエネルギーを紹介しましょう。

それは色素増感型酸化チタン太陽電池と有機薄膜太陽電池です。少し難しくなりますが、興味のある方は読んでください。

1　色素増感型酸化チタン太陽電池

太陽光を吸収して光ったり、電子を発生させるルテニウム錯体色素を（反応性カルボキシル基を有することが特徴）平均粒径二〇〜二五ナノメートル酸化チタンで作った酸化チタン薄膜表面（多孔質でその表面積は投影面積の一〇〇〇倍にも達する）に化学結合させます。その後、ヨウ素とヨウ化物イオンからなる電解質溶液を、色素が結合した酸化チタン多孔質膜の空隙に浸透させることで、色素増感型酸化チタン太陽電池ができあがります（Dye－sensitized Solar cells ＝ DSC）。現在、光エネルギーを電気エネルギーに変換する効率は一〇％を越えています。その作りやすさに着目して、携帯電話の充電用の太陽電池として工業的生産が開始されました。

色素増感型太陽電池における発電機構を図Ｖ－１に示します。ナノサイズの酸化チタンの表面に化学結合したルテニウム色素（図Ｖ－１ｂ）が光エネルギーを得ると、エネルギーを得た電子が多孔質酸化チタン結晶に注入されます。幸いなことに、ナノサイズ酸化チタン結晶の中に生じた電子の寿命は、光合成の反応中心の電子寿命に匹敵するほどに長く、さらにまた、酸化チタン多孔質膜中の電子の動きも早く、酸化チタン中を光電子が走る平均距離は二〇ミクロンメートルに達します。ナノサイズの酸化チタン結晶膜表面が、電解質酸化イオンや色素分子と化学結合した結果、電子を通しやすくなった

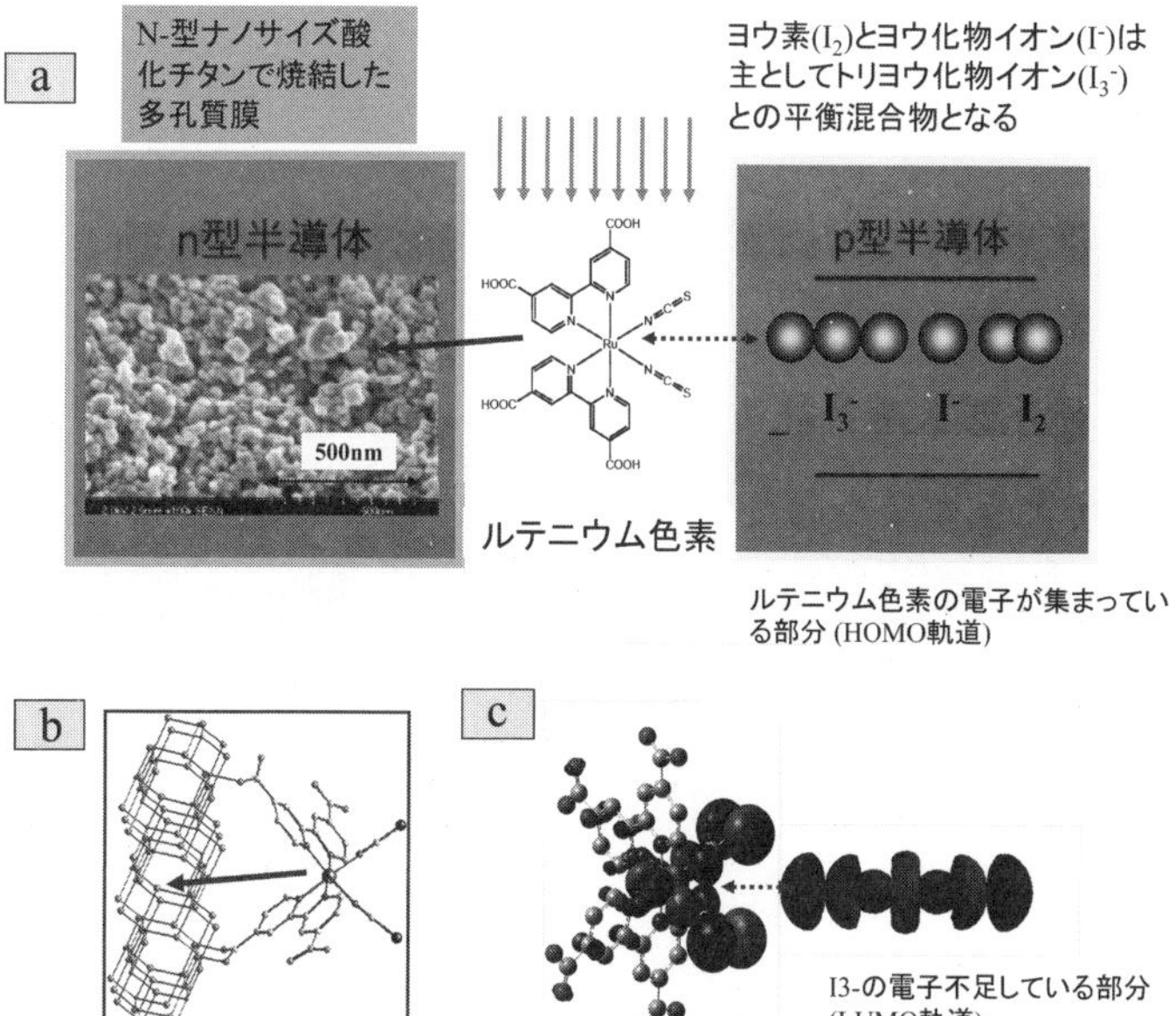

図Ｖ−１　色素増感型酸化チタン太陽電池の発電メカニズム

のです。また、多孔質酸化チタンの表面積は、先にも触れたように投影面積の一〇〇〇倍にもなり、ルテニウム色素がスポンジのような多孔質酸化チタン界面構造に結合している様子は、植物の葉緑体における光合成反応を司るクロロフィル分子がチラコイド膜中に配列している構造とよく似ています（図V－2）。さらに、ヨウ素・ヨウ化物イオン電解質は、電子伝導のメカニズムが働いて正電荷を正極に移動させます。ヨウ素イオンとヨウ化物イオンから生成するトリヨウ化物イオンがルテニウム色素のチオチアノ基と強く相互作用すると考えると、図Ⅲ－3（43ページ）に見られたスペシャルペアとその周辺分子と同様の分子軌道を通じた部分のつながりによって、速やかな光電子の移動・分離が達成されると理解できます。

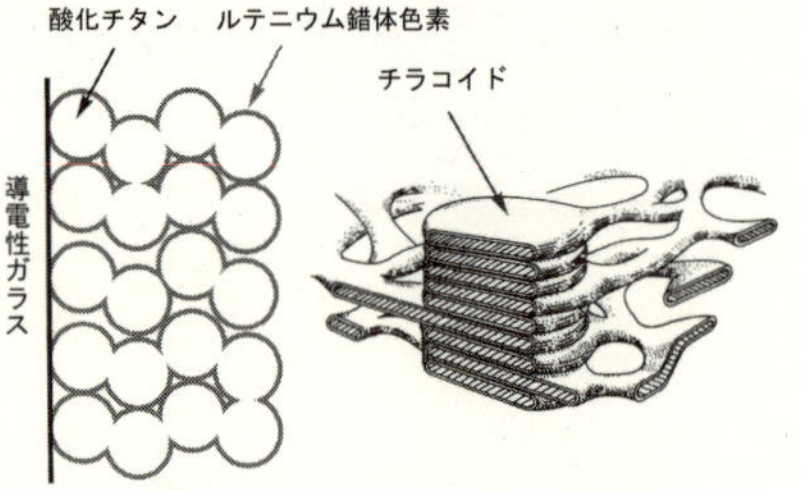

図V−2　色素増感型太陽電池とチラコイド膜

膜厚10μmを構成するナノサイズ TiO_2 は粒子間は電子的に繋がり、しかも、すべての TiO_2 の結晶表面積は、投影面積の1000倍以上となり、結合色素の太陽光吸収が効果的となる。それは光合成の配列構造のチラコイド構造に近似している 。

2　有機薄膜太陽電池

約三〇年前、コダック社の研究者はシリコン太陽電池の発電メカニズム（ｐｎ接合）に触発されてフタロシアニン色素（電子を放出しやすく、色素自身が正電荷を持ちやすいという意味で、電子供与型色素、あるいはｐ型色素とよぶ）とペリレン系色素（電子を受け取りやすく、色素自身が負電荷をを持ちやすいという意味で、電子受容型色素、あるいはｎ型色素とよぶ）を混合して、分子間でｐｎ接合させると、有機薄膜太陽電池ができました。電気を通しにくいので膜厚一〇〇ナノメートル以下の薄膜を特徴とします。その光エネルギー変換効率は一％程度で、しかも寿命の低いものでした。その後、研究が進展し、ペリレン色素の代わりにフラーレン誘導体（ＰＣＢＭ：ｎ型誘導体）を用いフタロシアニン色素の代わりにポリチオフェン誘導体（Ｐ３ＨＴ：ｐ型誘導体）を混

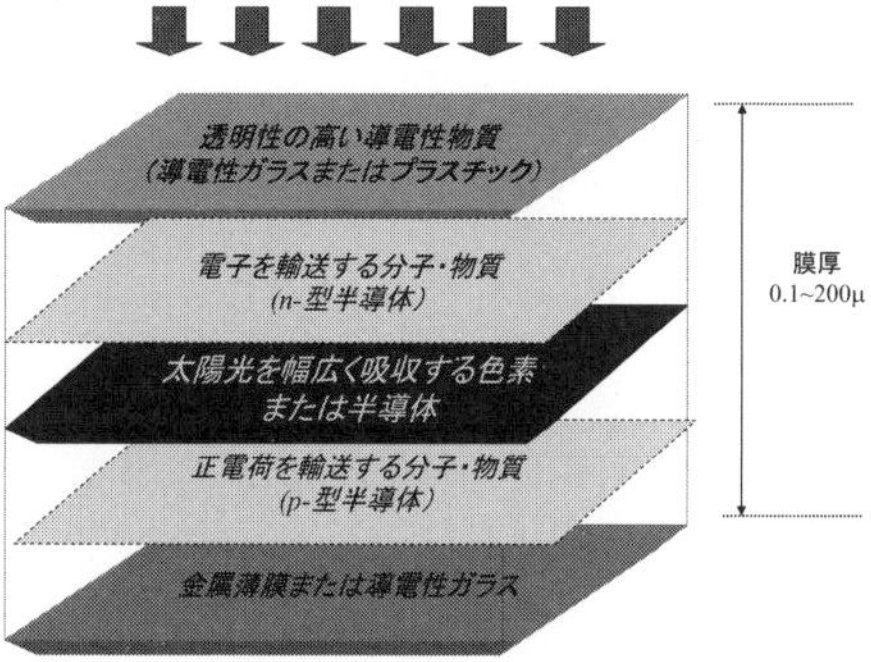

図Ⅴ-3　有機薄膜太陽電池と分子間 pn 接合の形成

合することで、変換効率を五％程度に向上させることに成功しました。

3　色素太陽電池をシンプルに考えると

太陽電池はなぜ電気が発生するかをまとめますと、図Ｖ－３に示すように、太陽の光エネルギー（青色の波長四〇〇ナノメートル）から赤色（波長六二五－七四〇ナノメートル）を超えて近エネルギー赤外領域（波長一二〇〇ナノメートルまで）を吸収できる色素分子や顔料（いずれも半導体物質です）を、透明性のある電極と金属電極で挟み、色素や顔料から生じる電子と正電荷をうまく取り出せる物質層（それぞれ電子輸送層、あるいはｎ型半導体と、正電荷輸送層、あるいはｐ型半導体とよびます）を挿入させ、それぞれの界面において光で生じた電子と正電荷を分離することで、光を電気に変える太陽電池が出来上がります。

ノーベル賞受賞者ヒーガー博士の研究

導電性高分子の研究で白川英樹博士とともにノーベル化学賞を受賞した米国のアラン・ヒーガー博士らのグループは、最近Ｐ３ＨＴ（～六五〇ナノメートル）よりも長波長九〇〇ナノメートル近くにまでの光を吸収できる色素（ＰＣＰＤＴＰＴ）を見出し、また、ＰＣＢＭのＣ60部位をＣ70と置き換えフラーレン誘導体（ＰＣ70ＢＭ）を用いた分子レベルのｐｎ接合系の構築に成功しました。そして、二種類の色素薄膜太陽電池（ＰＣＰＤＴＰＴ／ＰＣＢＭとＰ３ＨＴ／ＰＣ70ＢＭ）を重ね合わせたセル構造（タンデム構造とよぶ）にすることで、変換効率を六％近くに向上させることに成功しています。

Ⅵ

太陽の恵みで自宅の電気をまかなう

新田 佳照

自宅の屋根に設置した太陽電池パネルを前に語る浜川圭弘さん（兵庫県川西市の自宅で）

20年前に設置した太陽電池は、今も発電をつづけている。（読売新聞 2007.11.25 より）

1　家庭で使っている電気はどこから来るの？

コンセントにプラグを繋げばいつでも電気製品が使えます。コンセントから使える電気は交流といわれ、乾電池から発生する直流とは区別されます。主に水力発電所、火力発電所、原子力発電所で発電されています。ここでは簡単に各発電方式の説明をします。

水力発電所

水が高いところから低いところに落ちる強い水の流れでタービンを回し、その回転のエネルギーを利用して発電機から発電するものです。水車の大きなものと考えてください。水力発電は水の流れのエネルギーを電気に変換する方式で、二酸化炭素を発生しない発電です。主に山間部に設置されています。

火力発電所

火力発電は、石炭、石油及び天然ガス等の化石燃料を燃焼させ、発生した蒸気によりタービンを回転させて発電機を回し電力を発生させます。ヤカンでお湯を沸かすとき、勢いよく蒸気が噴出しますね。この蒸気の噴出するエネルギーが電気の源となります。火力発電は、化石燃料を燃焼させるため二酸化炭素が発生します。

原子力発電所

ウラン等の核燃料などが核分裂で発生する時の熱を利用して蒸気を発生させタービンを回して発電するものです。基本的に運転・停止が簡単にできません。二四時間一定の状態で運転されます。原子力発電は、火力発電と同じように蒸気を発生させてタービンを回転させますが、蒸気を発生させるとき二酸化炭素は出ません。原子力発電は、使用済燃料が高レベル放射性廃棄物であり、現在は、原子力発電所や再処理工場に保管されています。今後最終処分には巨額の費用の発生が見込まれます。燃料の廃棄、安全性などでいろいろ議論されていることはご承知の通りです。

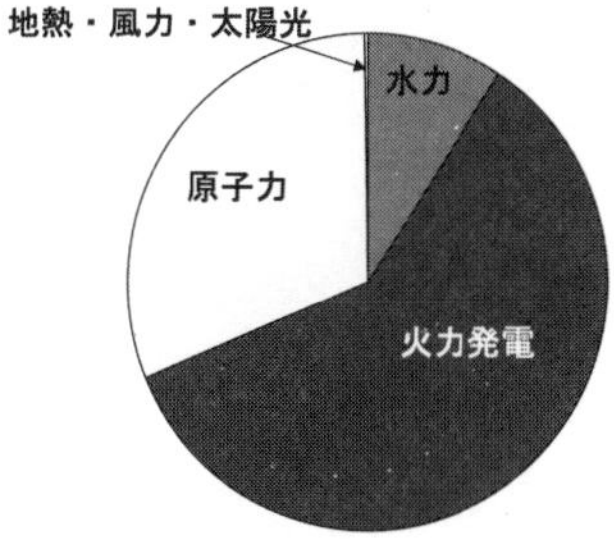

図Ⅵ－１　日本における電源別発電実績（平成18年度）

経済産業省・資源エネルギー庁電力調査統計資料を元に作成

発電方式の組み合わせ

わが国における各発電方式による発電量の比率（平成十八年度実績値）を図Ⅵ－１に示します。火力発電が半分以上の割合を占めています。石炭や石油及び天然ガスなどの化石燃料が発電のために多く消費されています。

膨大な量の電気は貯めておくことはできません。したがって、使う量に合わせて発電する必要があります。では電気の使用量は一日でどのような変化をしているのでしょうか。昼間は、経済活動が活発となっており、たくさんの電気が使用されます。一方、夜間は多くの工場も止まり各家庭でも寝静まり、あまり電気を使用しません。また、夏などは気温が上昇するとエアコンの消費量が一気に上昇することもあります。このように電気の使用量は時刻により、季節により、刻々と変動します。急な変動にも対応する必要があります。わが国においては、簡単に運転・停止ができない原子力発電や川から直接水を引き込む流れ込み水力等が一定電力を発電し続けるベース電力となっています。一方、急激な電力の需要の変化に対応するものとして、揚水式水力や石油火力等変動に極めて容易に対応できる発電方式があります。他には、天然ガス火力や石炭火力があり、中間的な対応の発電方式としてあり、それぞれの特徴を生かした組み合わせにより需要変動に対応しています。図Ⅵ－２に、需要の変動と発電方式の組み合わせの例を示します。昼間のピークの需要に合わせて各種の発電設備をそろえる必要があります。しかし、夜間は電力需要が少なくなるため、多くの設備を止めなくてはならず、稼働率が落

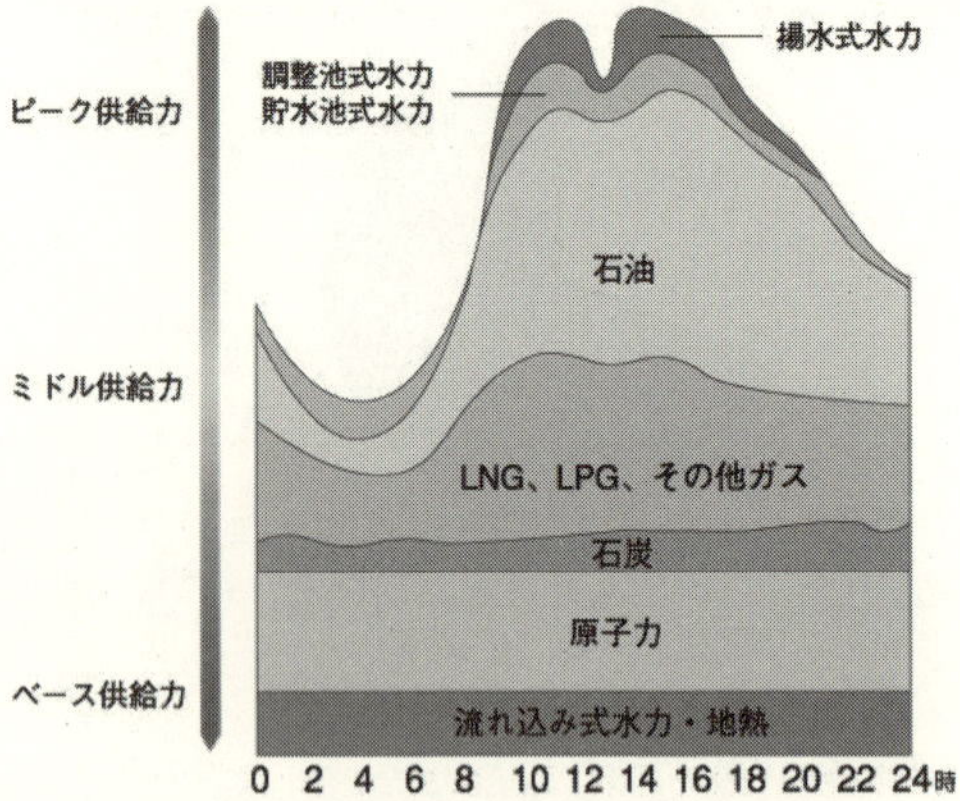

図Ⅵ－２　電源別の最適な組み合わせ

出典：電気事業連合会ホームページ

ちることが多いです。

これに対して太陽光発電は、昼間の太陽光がたくさんあるときに多くの発電をしますので、最適に組み合わせれば経済的な電源構成が可能です。

電気を送る

発電所の多くは山間部や海岸にあり、家庭の近くにはありません。それでは家庭で使用している電気は、どのように送られてくるのでしょう。家庭で使っている電気は電圧一〇〇ボルトの交流です。しかしながら、発電所から家庭まで一〇〇ボルトの交流の形で送られるわけではありません。電線を使って電気を送る場合、電線の電気抵抗により熱として損失が発生します。同じ電力（電力＝電圧×電流）を送電する場合、高い電圧で送る方が電流が少なくてすみます。電気の性質として、高い電圧で送電したほうが発熱による電気の損失を少なくすることができます。送電の距離が長くなればなるほど損失の影響が増大するため、大きな電力の送電には高圧の送電線が利用されています。

そこで発電所では、二万ボルト程度の電圧の電気を作り、発電所に併設された変電所で送電に適した高電圧に変換し、送電線に送り出されるのです。

エジソンは直流派——送電に関する電流戦争

一八八〇年代初期に、発明王エジソンは電力供給会社を設立し、直流送電方式を採用し莫大な利益を得たそうです。しかし、直流送電システムは送電ロスを抑えるためにはシステムの費用が莫大となり、せいぜい二マイルの距離が限界といわれ、当時ニューヨークには六〇もの発電プラントが設置されました。一方、元部下のテスラは、送電ロスの少ない交流方式を提案しました。この方式では高電圧で送電できるため、集中的なシステムが構築でき経済的なメリットが大きい特徴があります。企業家としてのエジソンは、直流方式を主張し、交流方式の危険性（交流も直流も同じなのですが）を主張したり、発明王として現代人がイメージしている姿とはかけ離れた活動をしたようです。結局は、エジソンの希望と反して送電に有利な交流方式が広まっていきました。

電気事業連合会のホームページの図（図Ⅳ－3）を参考にして、電気が運ばれてくる一例を説明します。電気を家庭のコンセントから取り出すまでには、発電所から送電された電気を超高圧変電所で一五万四〇〇〇ボルトの電圧に変換されます。さらに一次変電所において六万六〇〇〇ボルトに変換されます。この段階で電気を大量に使用する鉄道や大規模な工場には一五万四〇〇〇～六万六〇〇〇ボルトの電気が送電され、それぞれの利用に便利な電圧に変換されます。続いて中間変電所を経て、配電用変電所で六六〇〇ボルトの電圧まで小さくなります。この電気は、商業ビルや中規模の工場に使用されていますが、街中

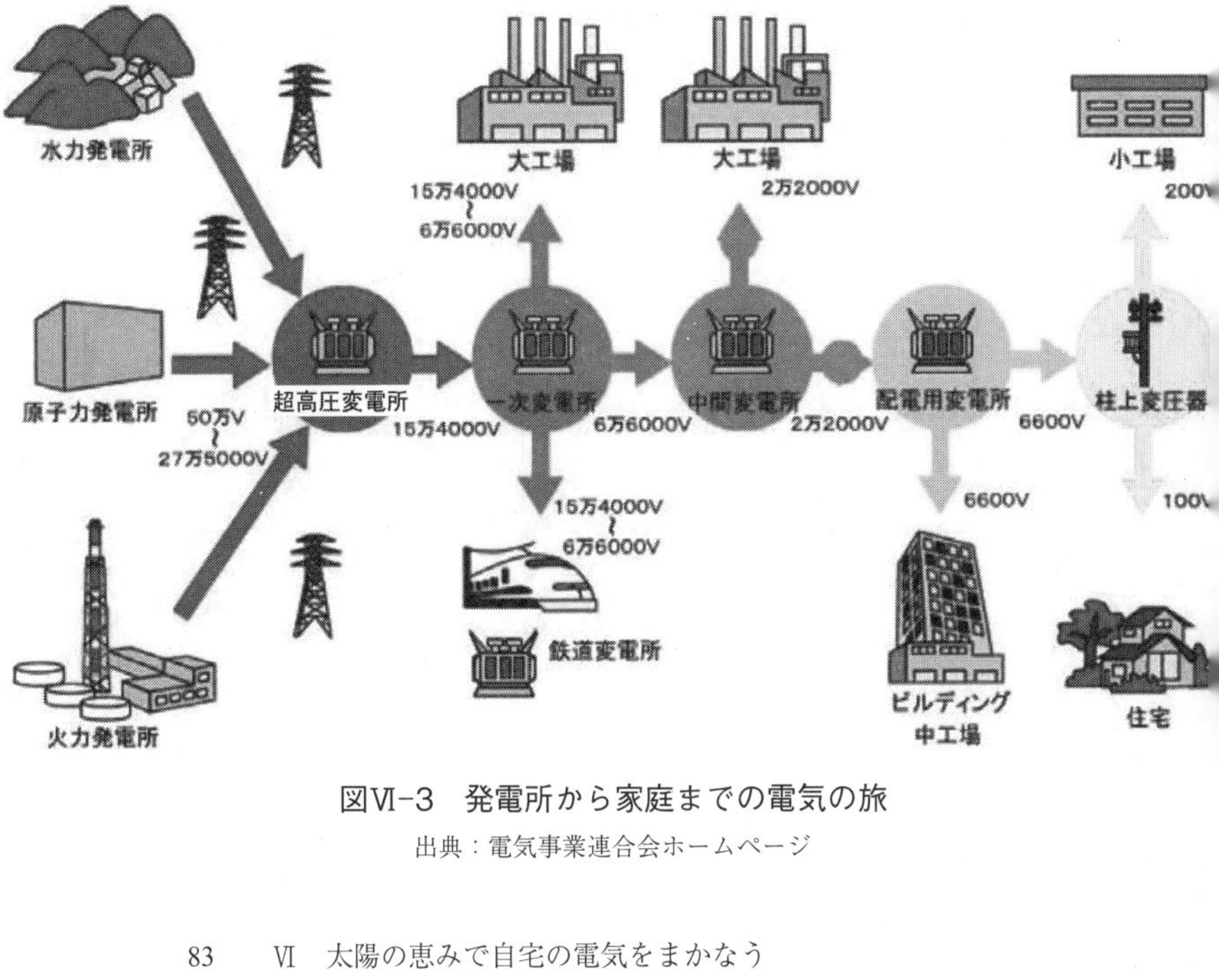

図Ⅵ-3　発電所から家庭までの電気の旅

出典：電気事業連合会ホームページ

で見受けられる電信柱につながれている電線にもこの電圧の電気が流れています。家庭で使っている電気は、主に一〇〇ボルト（一部二〇〇ボルトもありますが）であり、六六〇〇ボルトから比べるとまだまだ小さいです。さて、電信柱を注意して見ると円筒形の鉄の容器が取り付けられています。これは柱上変圧器といい、六六〇〇ボルトを一〇〇ボルト（または二〇〇ボルト）に変換する機器です。

このように現在、発電所は遠くにあって、生まれた電気は送電ロスを少なくするために高圧線を伝って延々と運ばれるのです。そこに至るまでの長大な設備や設置する土地、メンテナンスなどの費用と労働は大変なものです。

これに対して家庭用の太陽光発電システムは、図Ⅳ－3に示されている住宅の屋根の上に設置されるものであり、大きな設備は必要ないし、途中で電気が失われる心配もないのです。このシステムについては、「5　自宅を発電所にする」に詳しく述べましたのでご参照ください。

2　テレビを見ているときも温暖化ガスはでている

皆さんは、一家団らんの楽しいひと時を家庭で過ごしています。テレビの普及が進み、今では一人に一台も珍しくなくなりました。チャンネル争いもほほえましい昔の記憶となりました。さて、温暖化ガスである二酸化炭素は、石炭や石油が燃焼して発生することは皆さんもよく知っていることです。ところで、楽しくテレビを見ているときも二酸化炭素が発生しているのです。決してテレビが燃えているのではありません。テレビはコンセントからの電気を使って働いています。この電気は、すでに記述したように主に水力、火力、原子力等の発電所から発生しています。日本全体の平均で発電方式の比率は火力が半分以上を占めています。家庭で電気を使用すると火力発電所で化石燃料が燃焼され二酸化炭素を排出しているのです。例えば、一五〇ワットのテレビを五時間見た場合、二七〇グラムの二酸化炭素が火力発電所で発生しています。二リットルのペットボトルで約六九本分に相当します。電気を使用した場合、二酸化炭素が日

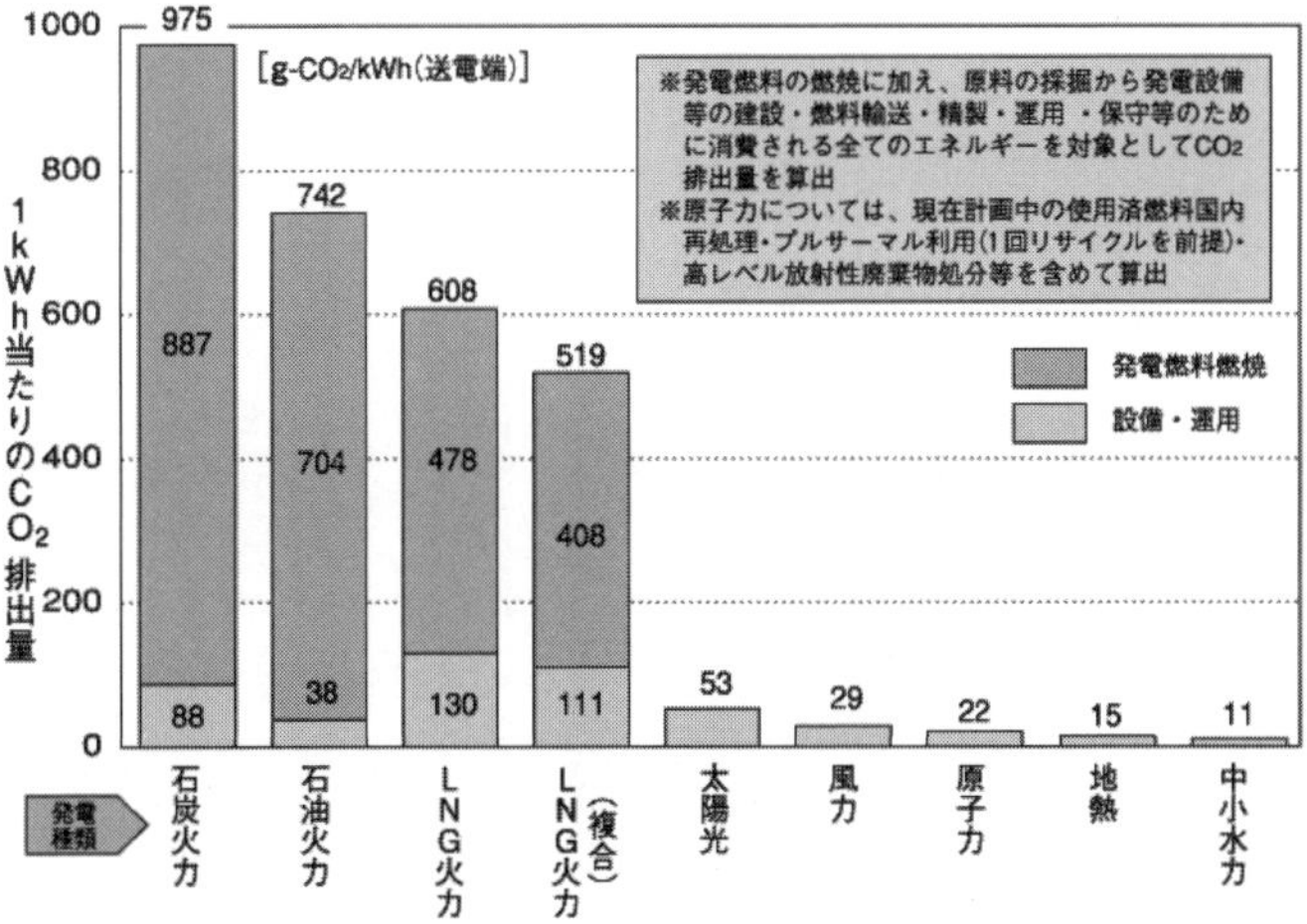

図Ⅵ-4　発電方式による二酸化炭素排出割合

出典：電気事業連合会ホームページ

本のどこかの発電所で排出されています。

　ここで、各発電方式による二酸化炭素排出割合を図Ⅵ－４に示します。発電時、化石燃料を使用する火力発電が多くの二酸化炭素を排出することが分かります。発電方式にかかわらず各設備設置において使用するエネルギーに相当する二酸化炭素の排出も示されています。

　温室効果ガスというのは二酸化炭素だけではありません。メタン、一酸化二窒素など各種ガスが排出されています。日本における温室効果ガスの排出量の年次推移を図Ⅳ－５に示しました。メタン、一酸化二窒素、代替フロン等については削減が進んでいるものの、温室効果ガス排出の九割程度を占める二酸化炭素の排

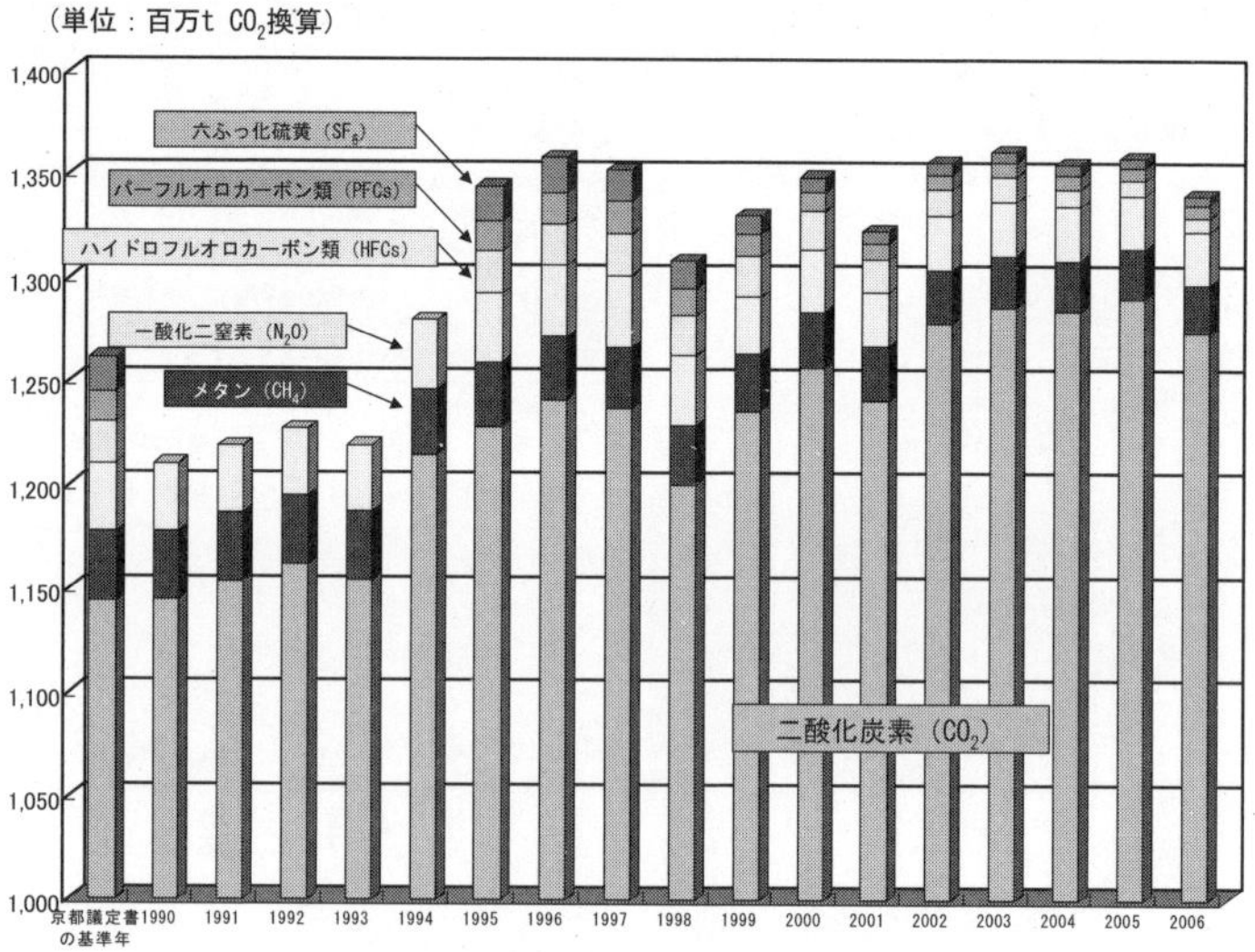

図Ⅵ−5　温室効果ガス年次排出量

独立行政法人国立環境研究所地球環境研究センター データを元に作成

出が増大していることがわかります。

わが国においては、これらの排出量は工場などの産業分野では横ばいですが、運輸分野、さらに商業ビル等の業務部門および住宅分野からは少しずつ増えています。

京都議定書では、約束期間（二〇〇八～二〇一二年）に一九九〇年（基準年）レベルマイナス六％を達成することとなっています。二酸化炭素の基準年総排出量は、一二億六一〇〇万トンであり、その六％削減では総排出量を一一億八六〇〇万トンまで削減する必要があります。しかしながら、二〇一五年度の温室効果ガスの総排出量は一三億五九〇〇万トンとなっており、一三・七％の削減を行っていかなければなりません。

3　家庭からの温暖化ガスは増えている

家庭での温暖化ガス排出は、ガスや電気を使用するだけではありません。スーパーで購入した野菜もその野菜が栽培される時にエネルギーが使われます。したがって、温暖化ガスは発生します。

旬の野菜と地産地消

一九九八年度の環境白書の中に、農産物の生産の際に投入されたエネルギー量が記載されています。これをみると、たとえば夏秋取りのトマトと冬春取りのトマトを比べると、冬春は温室加湿が必要となり、生産に投入されるエネルギーは、およそ一〇倍も必要です。その投入エネルギーの九〇%が光熱水費で占めています。また、ナスの例も示されており、夏秋取りの露地物ナスは、その投入エネルギーが一一一三キロカロリー／キログラムに対して、冬春取りのハウス加湿物は、四九六八キロカロリー／キログラムと、やはり約四・五倍の投入エネルギーが必要となっています。露地物の野菜はおいしく、地球にもおいしいと言えます。

また、地元で取れたものをその地で消費する地産地消が推進されています。生産地から消費地への距離が長くなればなるほど輸送にかかるエネルギーが多くかかるからです。輸送にトラックを使用する場合を考えましょう。燃料は軽油です。「地球温暖化対策の推進に関する法律施行令」の中に、各エネルギー源の二酸化炭素の排出原単位が記載されています。これで計算すると、軽油は一リットルあたり二酸化炭素を二・六二キログラム排出することになります。遠くから輸送する場合多くの軽油が必要となるため、なるべく地元の野菜を食べるようにしたほうが二酸化炭素の排出を抑えることができます。このような考えに着目したものとして、フードマイレージがあります。イギリスのティム・ラング氏が、一九九四年に提唱した運動に由来します。相手国別の食料輸入量に輸送距離を乗じた数値を示すものです。なるべく近くでとれた食料を食べることで、輸送で消費されるエネルギーをできるだけ減らし、環境への負荷を減らす取組みです。

家庭で取り組める地球温暖化対策のキーワードは、旬と地産地消です。

また、手を洗うとき水道を使用します。水道も二酸化炭素を発生しています。火を消すことがで

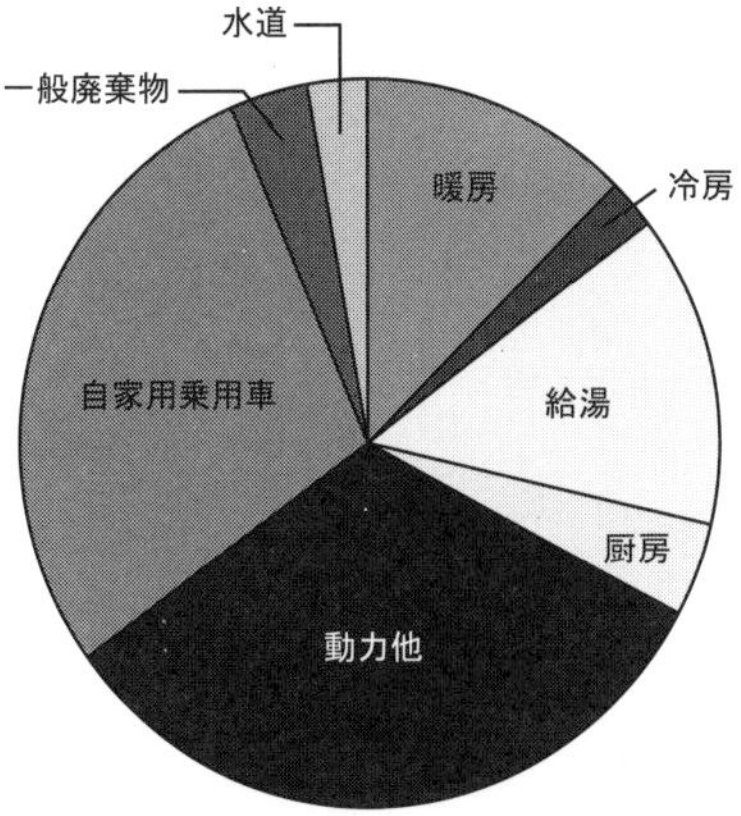

合計:約5350kgCo$_2$

図Ⅵ-6　1世帯当りの二酸化炭素排出量内訳

国立環境研究所の温室効果ガスインベントリオフィスのデータをもとに作成

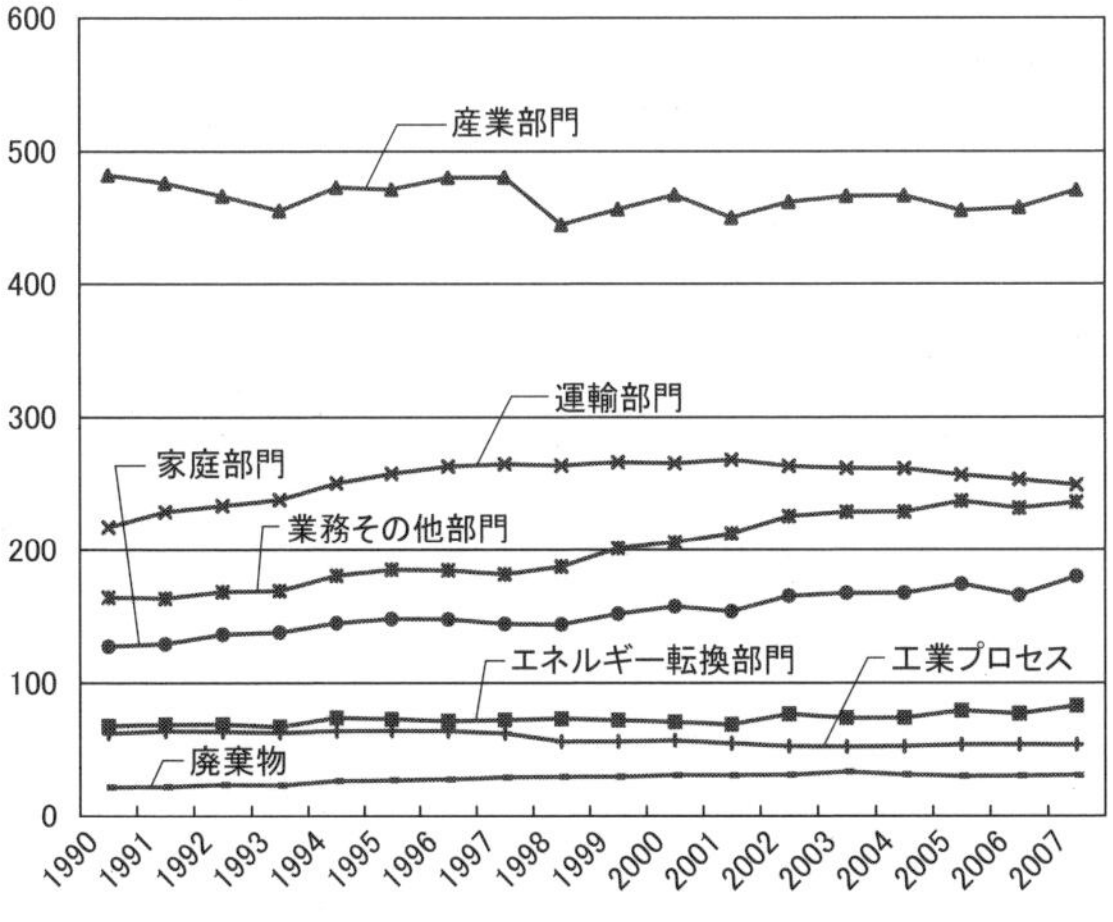

図Ⅵ-7　部門別二酸化炭素排出量の推移

国立環境研究所温室効果ガスインベントリオフィスのデータをもとに作成

きる水がなぜ二酸化炭素を発生させているのでしょう。水道水は、川やダム等から原水を取水ポンプで取り込まれます。ここで電気が消費されます。これを浄水場で飲めるようにするためにも電気が使用されます。また、必要な薬品等も製造時エネルギーを消費していたり、輸送のためにもエネルギーが使われています。さて、最後に、蛇口をひねれば勢い良く流れるためにも送水ポンプが働きます。ここでも電気が消費されます。蛇口をひねれば簡単に使える水道水にもたくさんのエネルギーが使われているのです。このように家庭でもあらゆるところで二酸化炭素を発生させているのです。図Ⅵ－6には家庭からの二酸化炭素がどこから発生しているかをまとめています。

部門別の二酸化炭素の排出量は、図Ⅵ－7に示すようにわが国では、産業部門では省エネルギーの努力が進められ、エネルギー消費量の増加率は小さくなっていますが、家庭においては、より快適な暮らしの向上と共に電力消費は増加しています。

4　地球温暖化を防ぐ取り組み

一九八五年、国連環境計画（ＵＮＥＰ）の主催により、オーストリアのフィラハで、地球温暖化に関する初めての世界会議（フィラハ会議）が開催されました。その後、一九九二年リオテジャネイロで開催された「環境と開発に関する国際連合会議」（地球サミット）において、「気候変動に関する国際連合枠組条約」の署名が一五五カ国において行われました。そして一九九七年京都で開催された第三回締約国会議（ＣＯＰ３）において、京都議定書（気候変動に関する国際連合枠組条約の京都議定書）が採択され、先進各国において法的拘束力のある排出削減目標値について合意されました。

京都議定書

京都議定書で定められた地球温暖化の原因となる対象ガスは、二酸化炭素、メタン、一酸化二窒素、ハイドロフルオロカーボン類、パーフルオロカーボン類、六ふっ化硫黄の六種類となっています。

一九九〇年を基準年として、約束期間内に削減目標が定められた。第一約束期間は、二〇〇八年～二〇一二年となっています。また、日本の削減の数値目標は六％となっています。

国内での温暖化ガスの削減のみだけではなく、排出量取引などの柔軟性措置としての以下の三種類の「京都メカニズム」が採用されています。

ＪＩ（Joint Implementation）　先進国間で温室効果ガス削減プロジェクトを実施し、その削減分を投資国が目標達成に利用できる。

ＣＤＭ（Clean Development Mechanism）　途上国で実施した温室効果ガス削減プロジェクトについて、その削減量を投資国である先進国が目標達成に利用できる。

ＥＴ（Emissions Trading）　排出量取引

二〇〇八年から京都議定書に定められた第一約束期間での取り組みが進められています。二〇五〇年までに排出ガスを半減しなければ温度上昇を二℃以内に抑えることができないといわれ、現状の京都議定書以上の削減対策が必要となってきます。ポスト京都議定書のための新しい枠組み協議のために二〇〇八年七月に洞爺湖サミットで協議が行われました。このサミット議長国として日本は二〇〇八年六月九日に、低炭素社会への転換として、今後一〇年～二〇年で地球全体の温室効果ガスのピークを脱し、二〇五〇年までに世界の温室効果ガスを半減することを目指し、その中で、太陽光発電は、太陽光、風力、水力、バイオマス、未利用のエネルギーなどの再生可能エネルギーや原子力などの「ゼロ・エミッション電源」の比率を五〇％以上に引き上げるという福田ビジョンを発表し、七月には「低炭素社会づくり行動計画」が閣議決定しました。特に、最近まで日本のお家芸であった太陽光発電の普及率は現在、ドイツにおくれをとっており、太陽光発電の導入量を二〇二〇年までに現状の一〇倍、二〇三〇年には四〇倍に引き上げることを目標として掲げたいと言及しています。

洞爺湖サミットでは、主要八カ国（G8）と中国、インドなど新興八カ国が参加する温室効果ガスの主要排出国会議（MEM）首脳会合において、排出削減の二〇五〇年までの長期目標について、世界全体で目標を共有するとの認識の確認はされましたが、温室効果ガスの排出量を二〇五〇年までに世界全体で半減させるという数値を盛り込んだ長期目標の合意までには至りませんでした。一方、欧州委員会ではすでに二〇〇七年一月に気候変動とエネルギーに関する総合的な政策を発表しており、世界の平均気温が工業化以前の水準に比べ二℃以上上昇することを防がなければならないと主張しています。そのためには、二〇五〇年までに世界の排出量を一九九〇年比で五〇％まで削減しなければならず、先進国は六〇～八〇％の削減が必要としています。日本においても、京都議定書以降の新たな目標として、二〇〇七年五月二十四日の安部晋三総理（当時）の演説において、「クールアース50」として、世界全体の排出量を現状の半分に削減という長期目標を世界全体の目標とする、主要排出国がすべて参加するなどの世界全体の枠組みを構築する、京都議定書の達成に向け国民運動を展開するなどが提案されました。

エネルギーペイバックタイム（EPT）

太陽光発電は、太陽のエネルギーを受ければ、二酸化炭素をまったく発生させず電気を発生し続けます。しかし、太陽電池を作るときにも、周辺機器を作成するときにもいろいろなエネルギーを使っています。太陽光発電システムを設置するまでに消費するエネルギーを、設置してから発生する電気エネルギーを何年で回収できるかを表す数値をエネルギーペイバックタイムといいます。エネルギーとしては、EPTを過ぎればエネルギーが得すると考えられます。新エネルギー・産業技術総合開発機構（NEDO）のホームページに記載の新エネルギー関連データ平成一六年版には、生産規模一〇〇メガワットでは、屋根設置型で多結晶シリコン一・五年、アモルファスシリコン一・一年、カドミウムテルル太陽電池（CdTe）一・一年と試算されています。また、太陽熱温水器は、一・三〜一・六年、集熱のソーラーシステムは一・五〜二・三年と試算されています。さらに風力発電では、年平均風速が四m／秒以上、あるいは、利用率が二四％以上あれば一年以内となる試算されています。

5 自宅を発電所にする

それでは太陽光発電システムはどのように設置されるのでしょうか。ここで家庭用の太陽光発電システムを考えて見ましょう。

コンセントから取り出せる電気は、遠い発電所からいくつかの変電所を経由してきますが、太陽光発電システムは皆さんの家の屋根の上など、本当に身近なところに設置され、自宅が発電所になるといえます。

太陽電池は直流の発電をするもので、しかも日射の変動により発電量も変動します。家庭で使用している電気用品は電力会社から送られてくる交流を使用します。すでに述べたように、電力会社から送られる電気は、遠くの発電所から送電ロスを少なくするように送電されますが、それでも約五%程度は熱として失われてしまいます。これに対して太陽光発電システムは自宅の屋根の上に設置するものでロスは発生しません。太陽光発電システムは、電力会社から来る電力と同じ品質の交流を取り出せるように構成されたものです。ここでは、太陽電池から発生した直流の電力をどのように交流に変換して利用できるようになるか説明します。家庭で使用する電力は主に交流の一〇〇ボルトです。はじめに、太陽光発電システムの機器構成を示します（図Ⅵ－8）。

太陽電池パネル

乾電池からの電圧は一・五ボルトであるように、一つの太陽電池最小単位の発生電圧は〇・五〜一ボルト程度です。これを太陽電池セルといいます。家庭で使用している一〇〇ボルトから比べると大変小さくそのままでは使えません。そこで太陽電池セルを直列に接続し、数十ボルトの高い電圧に組み合わせたものを太陽電池モジュールといいます。ふつう太陽電池パネルといわれるのは、これを指します。また、太陽電池は半導体からできており、雨等にさらされる屋外に設置するので、長期の信頼性の確保が重要です。そのために太陽電池モジュールは屋外の長期の使用でもびくともしないようガラスや樹脂で守られています。屋根などに多数の太陽電池モジュールを直列および並列に並べたものが太陽電池アレイと呼ばれています。

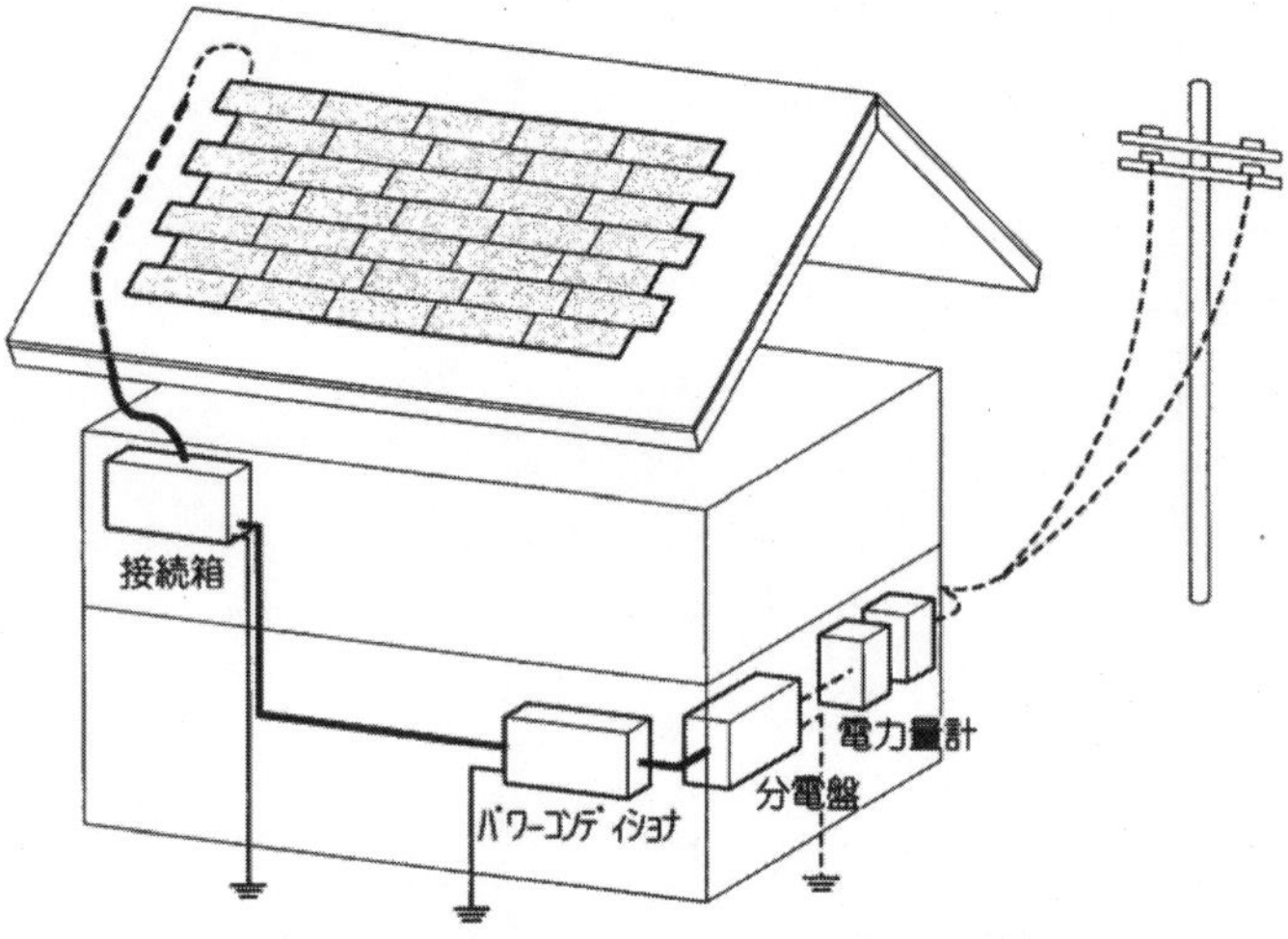

図Ⅵ−8　太陽光発電システムの構成概略図

この太陽電池アレイからは二〇〇ボルト以上の電圧として次項に述べるパワーコンディショナにつながれます。セル・モジュールの写真を図Ⅵ－９に示します。

直流を交流へ変換―パワーコンディショナ

パワーコンディショナは、図Ⅵ－10に示すように、家庭用のエアコンのような形状をしています。太陽電池アレイから発生する電力は直流です。家庭で使用する交流に変換する機器です。交流電力として求められる品質（電圧、周波数、高調波等）を管理する機能が含まれて直交変換を行います。さらに、電力会社の配電線に事故が発生し停電した場合は、太陽光発電システムから発電状態が継続したままであれば、メンテナンス時の感電事故の発生の恐れがあります。それを防ぐため、停電時には、それを検出し太陽光発電システムからの供給も停止する機能が必要となるのです。いわゆる単独運転防止機能です。このように、パワーコンディショナには、直交変換機能に加え、交流電力品質確保や安全対応

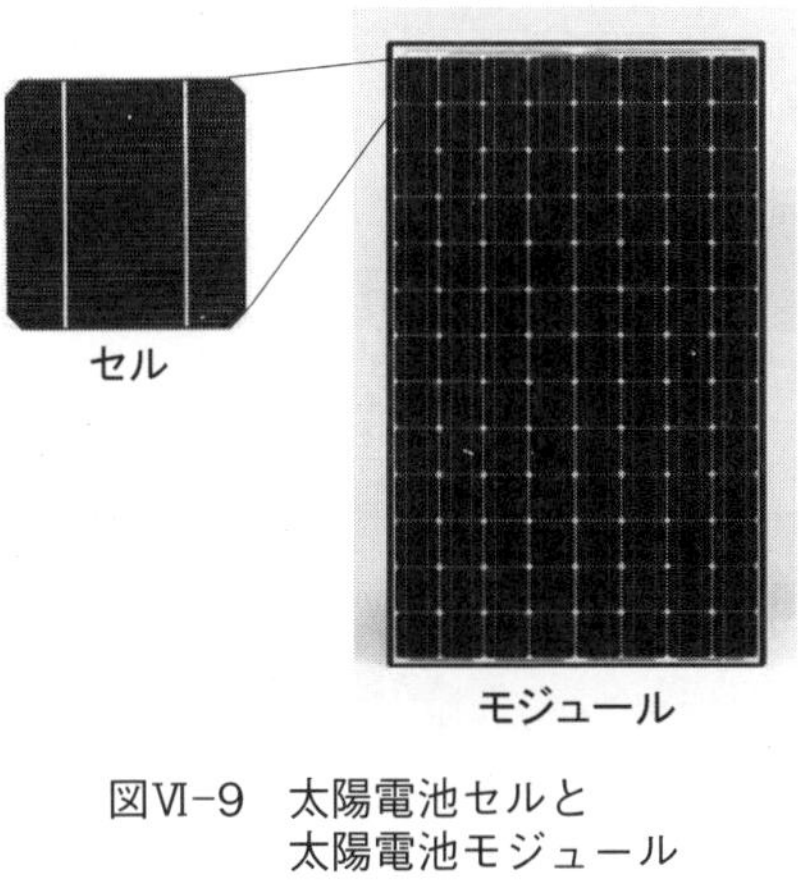

図Ⅵ-９　太陽電池セルと
太陽電池モジュール

の機能が組み込まれています。

太陽光発電システムではたくさんの太陽電池モジュールを直並列に並べて構成されます。すべての太陽電池モジュールから電線を引き出すと大変煩雑になります。そのため接続箱を設けて太陽電池モジュールからの電線を集約してパワーコンディショナに接続する装置が必要です。これらの電気工事は大変危険であり資格を有する人が行います。

電力メーター

各家庭に電力会社から電気を購入するための電力メーターが一個取り付けてあります。メーターの中の金属の円盤がぐるぐる回っているのを見たことがあると思います。太陽光発電システムから発生した電力が家庭で使っている電力より上回った場合は、電力会社に売ることができます。そこで、電気会社に売る方の電力を計測するメーターが新たに必要となってきます。メーターの名称は、電力会社から見て、売り電用メーター（消費者が電力会社から購入する電気用）、買い電用メーター（消費者が電力会社に売る電気用）となります。日本では、消費税の関係もあり買うため

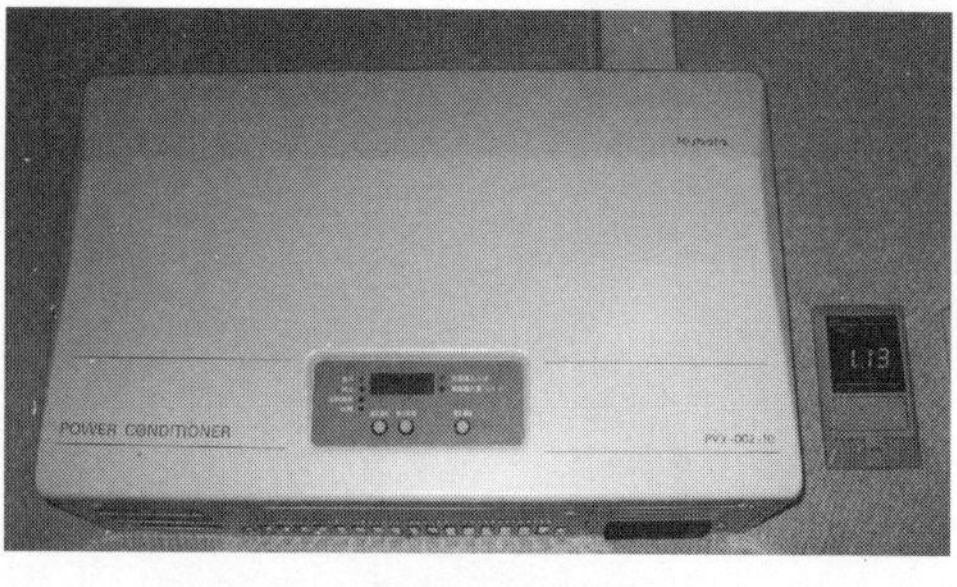

図Ⅵ-10　家庭に設置された
パワーコンディショナ

のメーターと売るための二個のメーターが必要です（図Ⅵ－11）。

一方、海外ではネットメーターリング制度が導入されているところもあります。これは、一つのメーターで電力会社から買う電力も電力会社へ売る電力もメーターの回転方向を変えることによりカウントするものです。発電電力が消費電力を上回るとメーターが逆回転します。

また、図Ⅵ－12では、現在の日射強度、発電電力、最近一週間の発電量を表示しています。

住宅での設置方法

わが国では、太陽光発電の多くは一般の住宅の屋根に取り付けられています。取り付け方法により、据え置き型と建材一体型があります。据え置き型は、屋根の上に取り付け用の桟を設置し、その上に太陽電池モジュールを並べるもので、

図Ⅵ－11　電力メーター

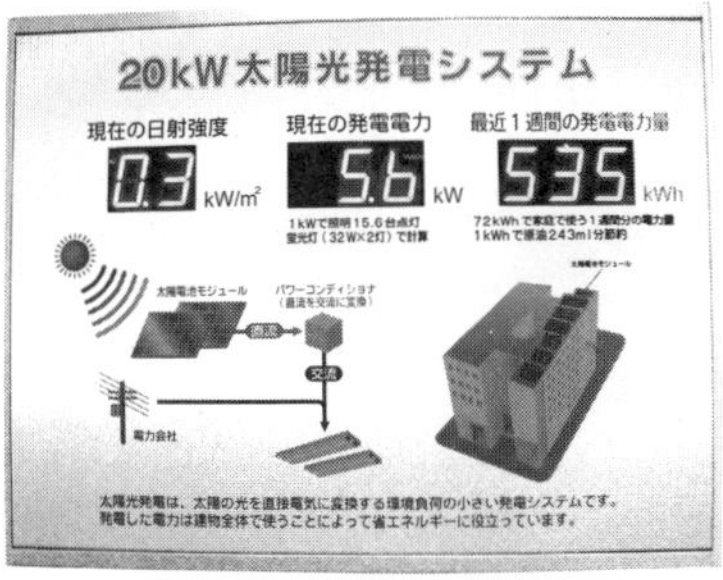

図Ⅵ－12　大阪大学豊中キャンパスに設置されている発電量の表示板

（112頁図Ⅵ－23参照）

主に既築の屋根に設置されるケースが多いです。

一方、建材一体型は、太陽電池つき屋根瓦など、防水や防火性能などの屋根機能を併せ持った太陽電池モジュールを設置する方法で、主に新築の住宅に設置されます。

余った電気が売れる仕組み

太陽光発電は、太陽が頭上にくる昼間に多くの発電をします。一般的には、朝に出かける前や、夕方以降の家庭だんらんの時に多くの電気を使用しますが、昼間の電気の使用は少ない場合が多いです。各家庭で発電した電気は、すぐその家で使用され、必要以上に発電された場合は電力会社が買いとる仕組みができています。太陽光発電から発生

図Ⅵ-13　据え置き型太陽光装置設置例

図Ⅵ-14　建材一体型（瓦型）太陽光発電システムの設置例

した電気は、分電盤で電力会社からの電気と繋がっています。分電盤というのは、電気を一カ所で同時に使いすぎたときブレーカーが落ちて使いすぎを知らせる役割をもっています。停電して、慌てて走っていって分電盤のブレーカーを元に戻すという経験のある方もあるでしょう。

このような一日の電気の使用状況と発電状況の様子を図Ⅵ－15に示します。

6　年間の発電量はどのくらいか

太陽光発電システムを設置した場合、いつでも好きなときに電気を取り出せるわけではありません。太陽光エネルギーを変換して電気エネルギーとするわけですから、雨の日や夜は発電しません。曇りの日も発電電力量は少なくなります。例えば発電規模三キロワットの太陽光発電システムを設置してもいつでも三キロワットの電気を取り出せるわけではありません。それでは年間でどの程度の電気を発電するのでしょうか。気象庁により蓄積された日本各地の膨大な過去の気象データから日射量の過去平均値を使用して太陽光発電システムに入射する太陽光エネルギーを計算

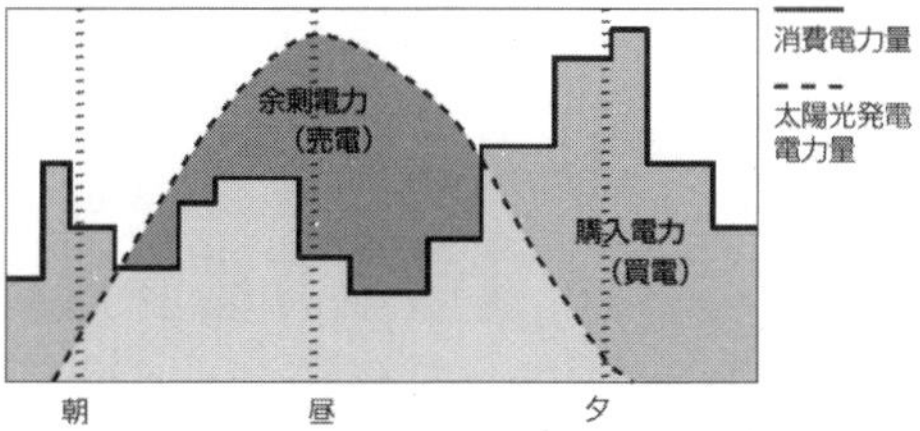

図Ⅵ－15　１日の電気の使用と発電の様子

し、図Ⅵ－16のように年間の発電量が予測できます。もちろん日射量が例年より良好な年では、予測量よりも多くの発電量が得られ、一方、日射量が反対に悪い年では下回ることとなります。

同じ規模の太陽光発電を設置しても地域により年間発電量に差が発生します。東京より沖縄のほうが多く発電します。さらに太陽電池モジュールを取り付ける角度も重要です。太陽に対して真正面を向いた状態が最大の光を取り込める状態です。設置する地域の緯度により最適な傾斜角がことなり、日本では緯度三〇度付近が適しています。方位も南向きが適しています。当然、木や高いマンション等の影がかからないように設置することも重要です。

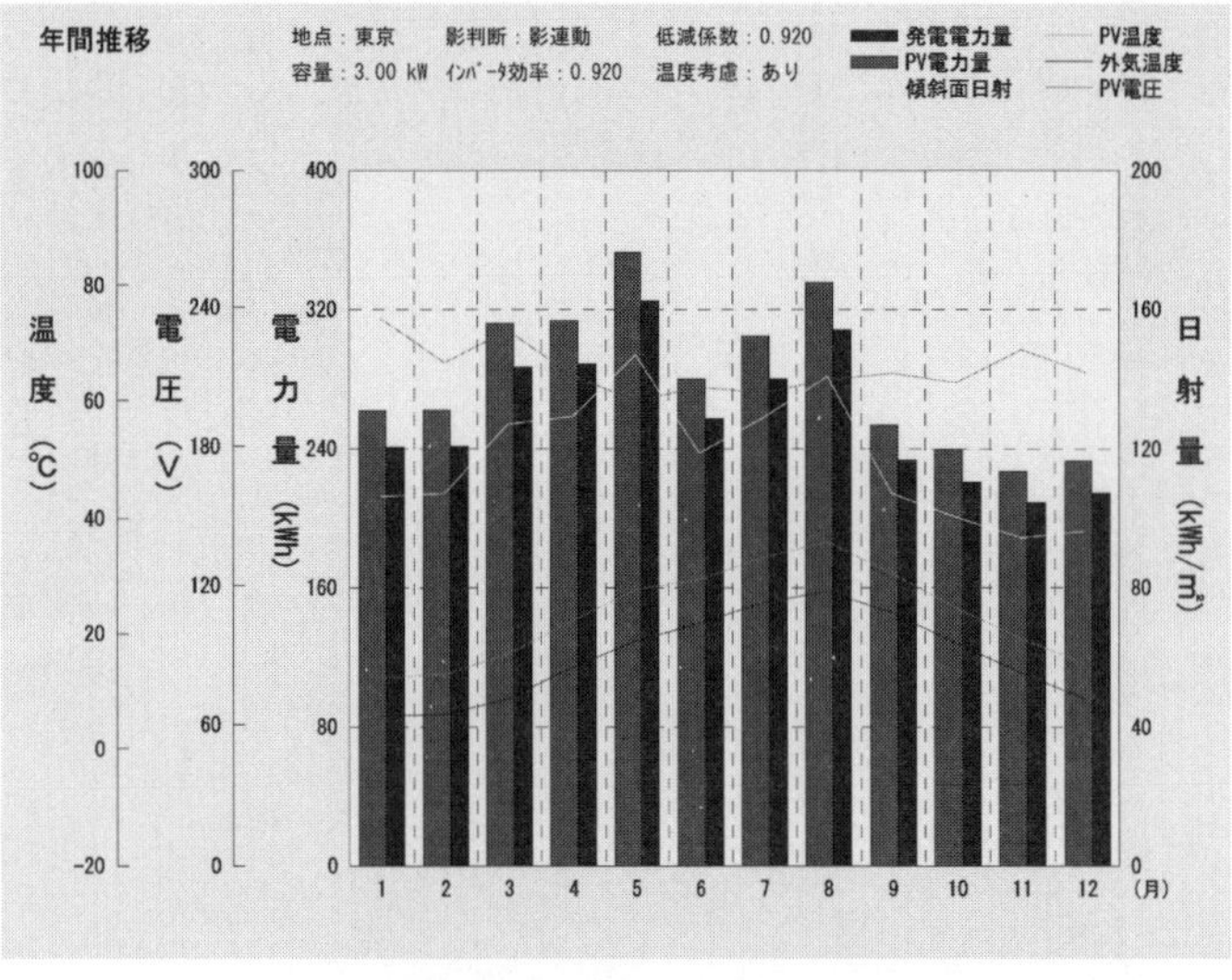

図Ⅵ-16　年間発電量の予測値の計算結果（東京）

夏季ではモジュール温度は五〇℃以上にあがっています。太陽電池は温度が上昇すると発電性能が低下する特徴があります。この特徴は、太陽電池の種類により差があり、結晶シリコンでは大きくアモルファスシリコンでは小さい傾向があります。

さらに、太陽電池モジュールは屋根の上など高いところに設置される場合が多く、そこで「表面を定期的に清掃する必要がありますか」と質問される場合がよくあります。表面が汚れると太陽光が太陽電池に入りにくくなり発生する電気も少なくなる心配があります。屋根の上を清掃するのはとても危険です。でも心配は要りません。日本では雨が定期的に降ります。雨が太陽電池モジュールの上にたまった汚れを洗い流してくれるため清掃する必要がまったくないのです。

図Ⅵ－16は、アモルファスシリコン太陽電池の東京における年間発電量（予測値）を示しています。年間を通じて日射量の多い月は、五月と八月です。太陽光発電システムからの発電電力量も大きくなります。

つぎに同じ規模の太陽光発電システムを設置した場合、設置条件に

表Ⅵ－1　設置条件による年間発電量の計算結果（東京と沖縄の比較）

設置条件	年間水平面日射量（kWh/m^2）	年間予測発電量（kWh/月）
東京南向き 21.8 度	1,274	3,104
東京東向き 21.8 度	1,274	2,638
沖縄南向き 21.8 度	1,472	3,370
沖縄東向き 21.8 度	1,472	3,050

より年間発電量がどのように変化するかを計算した結果を比較したものを表Ⅵ－1に示します。設置条件の二一・八度というのは、パネルを設置する傾きのことで四寸勾配に相当します。四寸勾配とは、水平成分が一〇、上への成分が四となる角度をあらわすもので、角度が二一・八度に相当します。また、水平面日射量は、水平の面に対して降り注ぐ太陽エネルギーの単位面積当たりの強度を示しており、地域により異なってきます。東京と沖縄では、沖縄のほうがより多くの太陽エネルギーが降り注いでいることが分かります。

このような条件下で、同じ三キロワットの規模の太陽光発電システムを設置した場合、東京を一〇〇％とした場合、南向きの設置条件で、沖縄は一〇八・六％発電量となります。また、同じ地域に設置した場合、南向きを一〇〇％とした場合に比べ、東向きでは、東京では、八五％、沖縄では、九〇・五％となります、これは年間を通じて南向きに設置したほうがより多くの太陽エネルギーを受けることができることを意味しています。

このように設置場所と設置条件により年間発電量は変化しますので、設置前にはより多くの発電を得られる設置条件の設計が重要となります。

7　太陽光発電による温暖化ガス削減効果を数字でみる

太陽光発電システムで発電した電力を使用すると、その分、電力会社から購入する電力の使用量を削減できます。電力会社の電気は、さきに見たように各種の発電方式により発電されます。そのため電力会社の電気を使うと、平均で一キロワット時当たり三六〇gの二酸化炭素が発生しています（太陽光発電協会の表示に関する業界自主ルール平成一八年度改訂版より引用）。したがって、太陽光発電システムからの電力を一キロワット時使用すると三六〇gの二酸化炭素排出を削減したことになります。厳密には太陽光発電システム製造時にエネルギーを消費するため、製造時に消費するエネルギーを二酸化炭素に換算し、二〇年間に発電する電力量で割り算すると一キロワット時あたりの二酸化炭素の発生量が計算できます。その数値を考慮すると、結晶系太陽電池では三一四・五g、アモルファス系太陽電池では三三一・四gとなります。たとえば、家庭用三キロワットのシステムを設置した場合、年間約三〇〇〇キロワット時の電力が期待されるため、約一トンの二酸化炭素を削減することができます。

8　住宅太陽光発電所の普及状況

各国における累積設置量の推移

全世界の太陽光発電の累積設置量は二〇〇七年で七八四一メガワットとなっており、その増加率も年率四〇％前後と高い数値を示しています。

図Ⅵ－17には国際エネルギー機関（ＩＥＡ）が毎年発表している太陽光発電の累積導入量の推移を示します。太陽光発電の二〇〇七年末累計導入量は日本一九一九メガワット、ドイツ三八六二メガワット、米国八三一メガワットとドイツの伸びが大きく、ドイツの拡大は二〇〇四年以降が急激となっています。この理由は、二〇〇四年

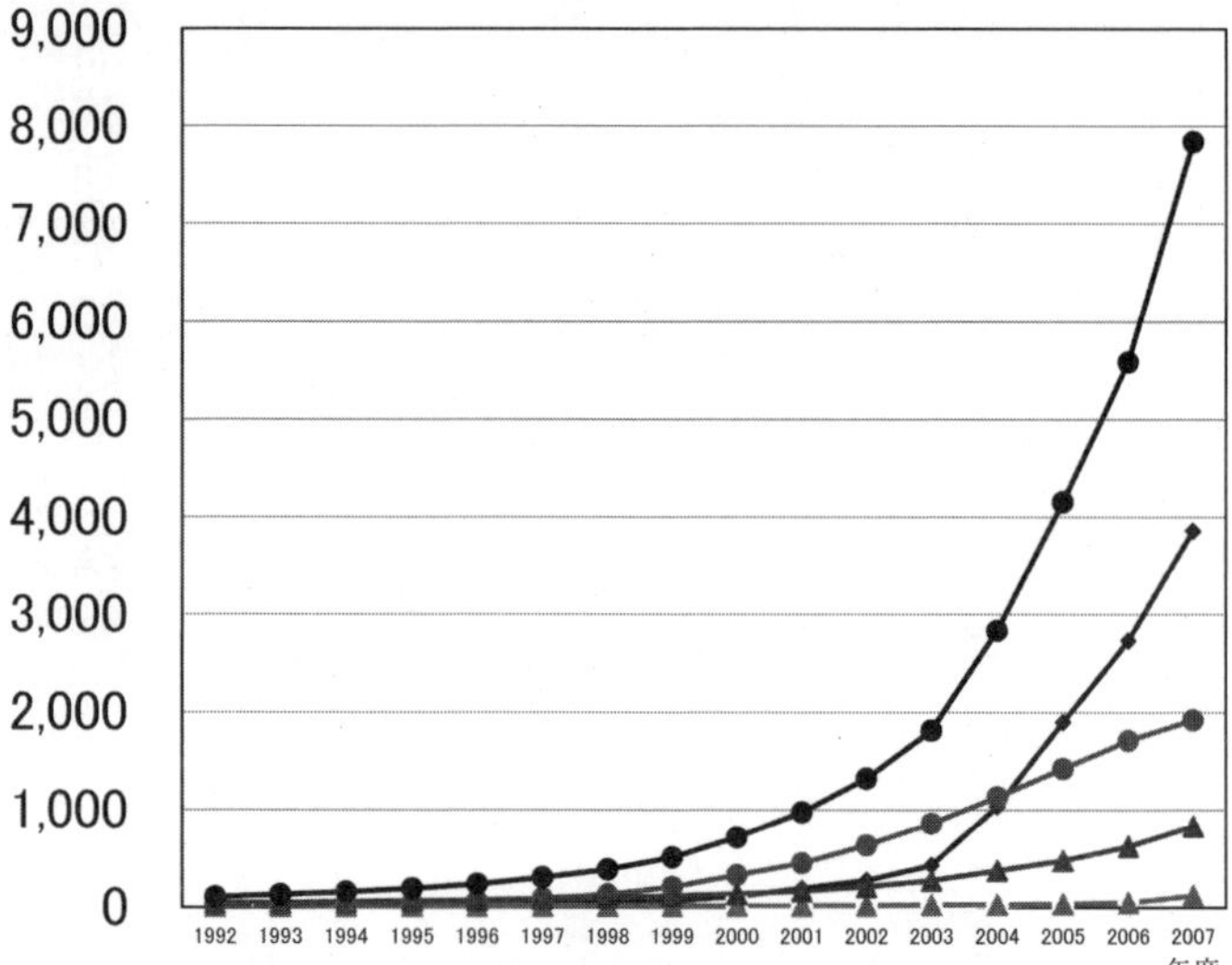

図Ⅵ－17　各国の太陽光発電の累積導入量推移

IEA のデータを元に作成

に再生可能エネルギー法が改正され、高額での固定価格での買取りが保障されたことにより、多くの人が導入するようになったからです。さらに環境への取り組みが先進地域である欧州各国にも、同様のフィード・イン・タリフという固定買取制度が広がりつつあります。

一方わが国における太陽光発電は、一九七四年にスタートしたサンシャイン計画を契機とし、一九九〇年の電気事業法関係法令の改正による設置手続きの大幅簡素化や一九九二年の電力会社による「太陽光発電システムの余剰電力」の買取り開始とともに、一九九四年の「住宅用太陽光発電モニター事業（その後の促進事業）」の設置補助の開始により普及促進が大きく進展してきました。

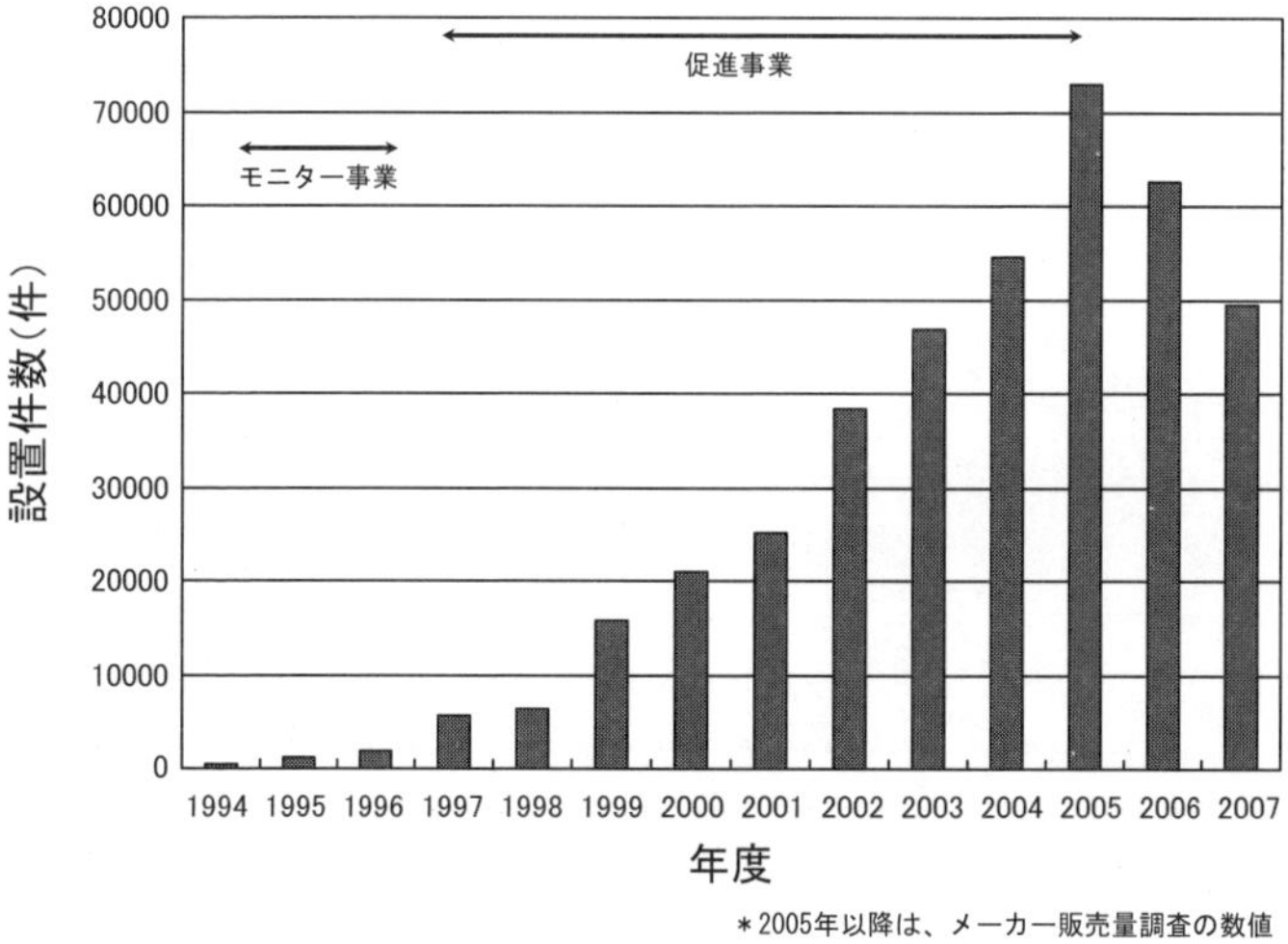

図Ⅵ-18　わが国における住宅用太陽光発電システムの設置件数

新エネルギー財団公表データを元に作成

住宅用太陽光発電の設置件数を図Ⅵ－18に示します。二〇〇五年度に促進事業が終了しました。その後は新エネルギー財団によるメーカー販売量調査の数値となっています。一九九四年の住宅用太陽光発電モニター事業の開始から、その後の促進事業を経過して順調に増大し、二〇〇五年にピークを示していますが、その後は減少に転じており、補助事業が住宅用太陽光発電の促進に果たしてきた効果が分かります。

図Ⅵ－19は、太陽光発電協会が調査しているわが国の太陽電池メーカーの出荷量の年次推移の結果です。一九八一年にはわずか一メガワット程度の規模であったものが、二〇〇七年においては、

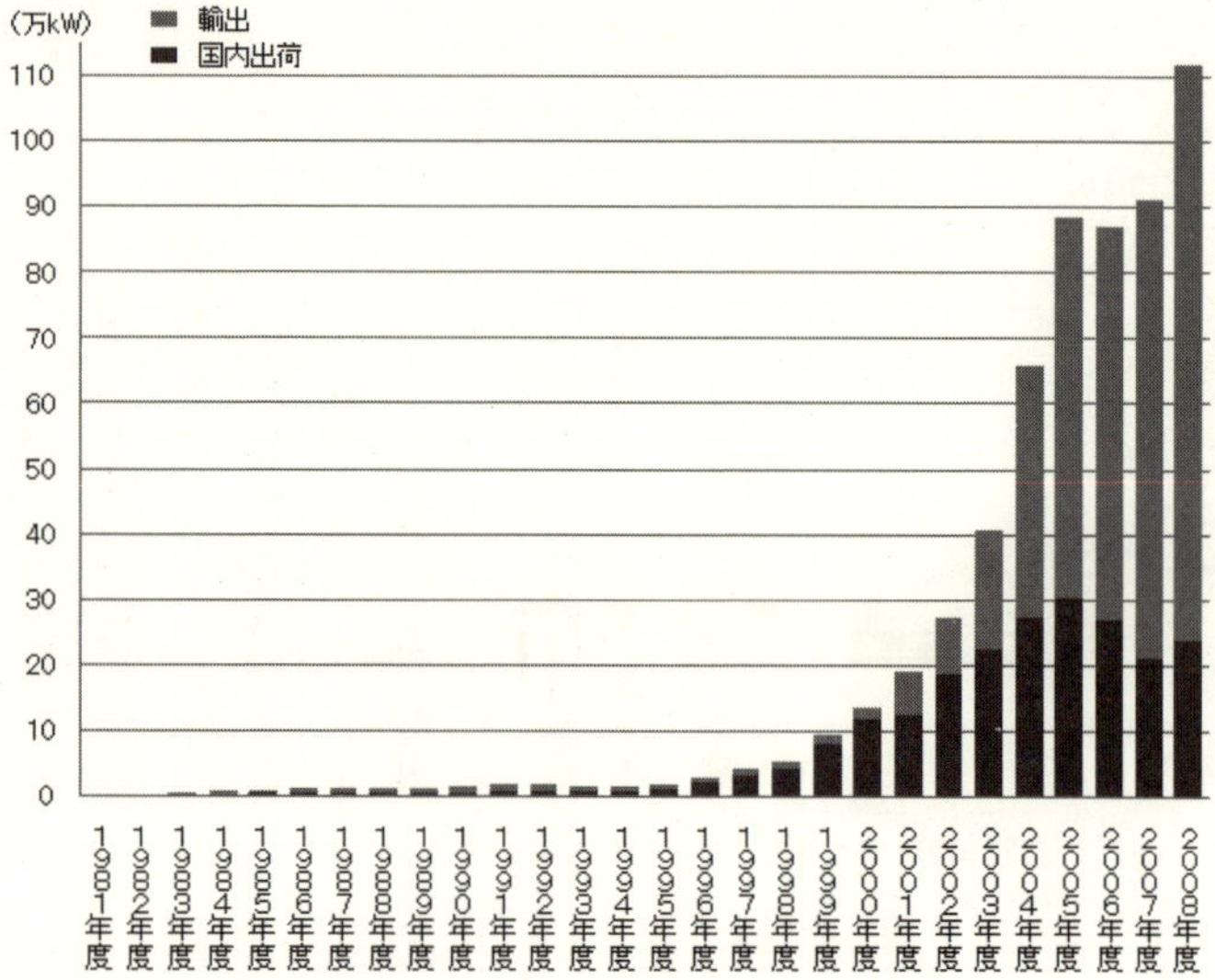

図Ⅵ－19　わが国における太陽電池の出荷量の推移

出典：太陽光発電協会ホームページ

九一一・五五メガワットと千倍に近い大きな伸びを示しています。しかしながら二〇〇五年以降国内向けの出荷が減少し、輸出が急増していることが分かります。これは、欧州の市場が大きく成長しているためです。また、国内の住宅設置件数が二〇〇五年以降減少に転じたこととも対応しています。

それではわが国にでは、どのような場所に設置されているのでしょうか。住宅への設置が九割近くを占めています。公共施設や工場等産業用の大規模なシステムは一割程度となっています（図Ⅵ－20）。

二〇〇五年に住宅への設置件数が年間七万件程度の規模まで拡大し、二〇〇四年までは日本は世界一の累積導入量となっていましたが、二〇〇五年以降は累積導入量でドイツに大きく水を開けられた状態となってます。住宅への設置件数も五万台程度に低下しました。

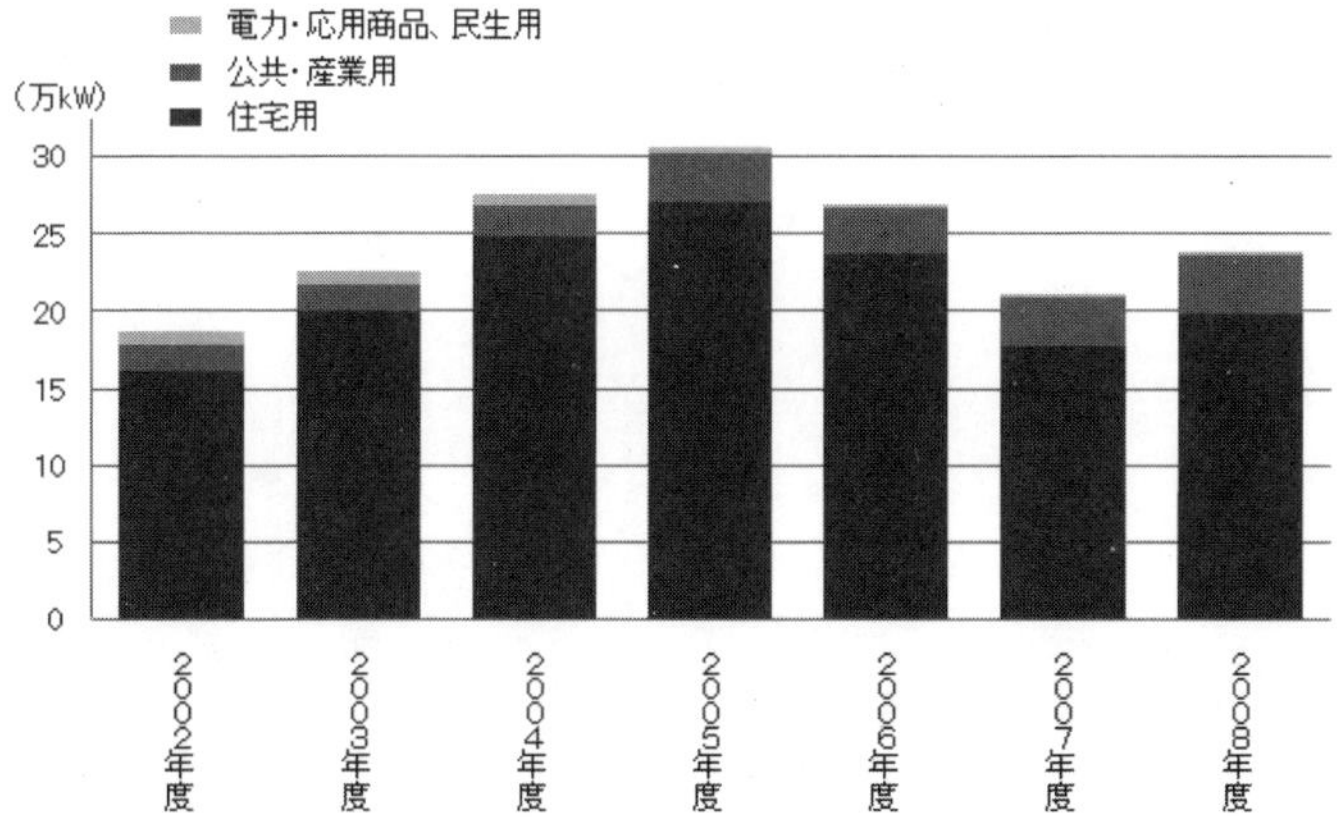

図Ⅵ−20　国内出荷量の年次推移と用途向け内訳

出典：太陽光発電協会ホームページ

このような停滞がありましたが、二〇〇八年から太陽光発電に関する注目が大きく進展し、二〇〇九年一月に「住宅用太陽光発電導入支援対策費補助金」が実施されました。このような拡大は新聞にも報道されています（図Ⅵ－21）。二〇〇九年四月からも引き続き年間予算二〇〇億円が実施されることになり、設置に対して一キロワット当たり七万円が補助されます。そのことにより、たとえば六月は九二一四件、七月は一一四一一件、八月は一〇六九〇件の申請があったと太陽光発電普及拡大センターは報告しています。急激な拡大が見られます。さらに一一月からは太陽光発電電力の新たな買取り制度が開始すると発表され、この支援を含め二〇二〇年に二〇〇五年比二〇倍の導入目標を掲げ、普及推進が進められるようになってきており、導入がますます加速されています。

2009年(平成21年)3月29日　日曜日　朝日新聞　1892年3月17日第3種郵便物認可

ソーラー住宅 急成長

国補助復活 自治体も支援

今年はや1万6千件

太陽光発電を自宅に設置する人への国の補助制度が1月から再スタートし、申請が相次いでいる。申請件数は26日時点で1万6880件。追加的な補助制度を4月から導入する自治体もあり、設置する人は今後も増えそうだ。関係する企業も「ソーラー特需」を捕まえようと、販売攻勢をかけ始めた。（田中美保）＝5面に関係記事

太陽光パネルの設置＝大阪府豊中市、高橋一徳撮影

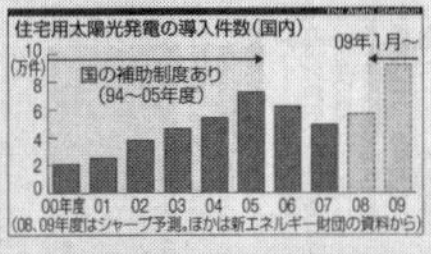

件数を集計する太陽光発電普及拡大センター（J-PEC）によると、20日までの申請は都道府県別で、愛知（1249件）、埼玉（759件）、静岡（688件）、福岡（664件）、兵庫（646件）などが目立つ。東京は587件、大阪は559件だ。

補助制度を利用すると、装置の出力1キロワットあたり、7万円が支給される。一般的な住宅では平均3～4キロワットの太陽光パネルが設置されることが多く、その場合の補助額は20万円台になる。

新年度から新たに独自の補助制度を導入する自治体も多い。両方の補助を受けようと、時期を待っている人も多いとみられ、それを考えれば「件数は順調に伸びている」（太陽光発電協会）という。

東京都は4月から、1キロワットあたり10万円を支給。大阪市が同5万円、堺市が同7万円を支給する予定だ。神奈川県は、補助制度のある市町村に対して同3万5千円を上乗せして支給を始める。

さらに10年度には、電力会社が太陽光発電で余った電気を買い取る価格を、従来の2倍（1キロワット時あたり約50円）に引き上げる方向だ。制度復活には、日本メーカーの競争力を高める狙いもある。メーカー側も、補助を追い風にしようと動き始めた。

パネルの主要部品の太陽電池生産で世界シェア2位のシャープは、09年度の国内市場が前年度比6割増の9万2千件に急拡大し、これまでピークだった05年度（7万2825件）を上回ると予測する＝グラフ。都市部で需要が伸びるとみて、狭かったり複雑だったりする屋根にも載せやすい設計の商品を東京都で4月から売り出す。今夏までに全国展開する予定だ。京セラは、地域の工務店などとフランチャイズ契約を結び、研修制度を採り入れた。独自の施工認定制度も作り、販売後のアフターケアを充実させている。二色の浜工場（大阪府貝塚市）で太陽電池を増産する計画の三洋電機は、「国の補助があると、購入意欲が高まる」（脇坂健一郎・ソーラー事業部担当部長）とフル生産に期待を寄せる。

キーワード 太陽光発電の補助制度　都道府県の窓口を通じてJ-PECに申請書を出し、審査に通れば支給される。09年度予算にも200億5千万円（約8万4千件分）が盛り込まれた。94～05年度にも制度があったが市場規模が当初の60倍に拡大し、価格も6分の1に下がったことなどで打ち切られた。

補助制度の整備が進んでいるのは欧州だ。市場拡大を見込んで欧米や新興国の企業が相次いで新規参入している。07年の太陽電池生産量は独Qセルズ社がシャープを抜いて、世界トップに躍り出た。京セラ4位、三洋電機7位など日本企業の技術は高いが、国内市場は伸び悩んでいた。

図Ⅵ－21　補助制度導入により太陽光発電住宅の急成長を報道

（朝日新聞2009年3月29日）

9　用途が拡がる

太陽光発電システムは住宅のほかにも、多くのところで使用されています。まず、日本の例から見ていきましょう。

図Ⅵ-22　屋上にパネルを設置した公立豊岡病院

太陽電池容量：40kW

図Ⅵ-23　大阪大学文系総合研究棟（豊中キャンパス）屋上に設置された太陽光パネル（20kW）

大阪大学には全部で4つの計45kW太陽光発電システムが導入され、クリーンエネルギーの導入をはかっている。

住宅用太陽光発電システムの設置容量は平均で約三キロワット台ですが、公共施設や商業ビル及び工場などでは一〇キロワット以上の大規模なシステムが設置されています。たとえば、図Ⅵ－22の公立豊岡病院（兵庫県豊岡市）では、四〇キロワットのシステムが設置されています。その他、大学や駅やみんなが利用する施設に設置されている例も報告されています（図Ⅵ－23・24）。また、自動車の屋根に設置されている例も最近では見られるようになりました（図Ⅵ－25）。

図Ⅵ-24　JR金沢駅東広場シェルター
設計：トデック
施工：治山社・岡組・本陣住宅JV

図Ⅵ-25　新型プリウスに登載された太陽光発電システム

採光型（シースルー太陽電池）太陽光発電システム

一般的には太陽電池は透明ではありません。太陽の光をいっぱい受け、それを電気に変えているから当然ですが、中にはかわった太陽電池もあります。光を通してしまう太陽電池です。光を通すといってもすべての光を通すわけではありません。一部の光を通して、その他の大部分は吸収して電気に変える太陽電池です。このような太陽電池は採光型（シースルー）といわれているもので、トップライトや窓などに使用すると、外の明かりが取り入れながら発電も可能となります（図VI-

図VI-26　大阪府河内長野市清見台コミュニティセンター・地域福祉センターのシースルーの太陽電池

（太陽電池容量：2.3kW）

設計：相和技術研究所

施工：日本国土開発

図VI-27　シースルー型太陽電池

26・27)。しかも熱エネルギーの進入も軽減でき、夏季の空調エネルギーの低減にも役に立つものです。図Ⅵ-26に示した例では、太陽電池を通して、太陽光が廊下を照らしてるのがわかります。

海外の設置事例

海外でもいろいろな場所でさまざまな型の太陽光発電をとり入れています。下に見られる写真では、一・八メガワットという大規模な設備を畑に設置しています。欧州では固定買取制度というものがあり発電電力をすべて売電しています。

オーストラリアの事例ではディーゼル発電とのハイブリッドシステムがあり、アフ

1.8 メガワットの太陽光発電システムが畑の中に広がる
－ドイツ（グロスバードルフ州）

リカでは独立型のパワーステーションとお国柄がさまざまです。

おわりに　エネルギー自立社会を目指して

太和田　善久

クールアース50と太陽光発電

二〇〇七年から石油の価格が高騰し、一時はバレル一四〇ドルという状況がありました。ガソリンが一リットル一八〇円まで上昇したので、私たちの省エネルギーへの関心がいやがおうにも高まってきました。さらにアメリカ発のサイブプライム問題がリーマンブラザーズという大手の証券会社が破綻を引き起こし、深刻な世界同時不況となりました。ガソリン燃費の悪い車を買い控えるようになって、アメリカ産業の象徴であるゼネラルモータース（ＧＭ）まで破綻というショキングな展開を見せました。

これまでのアメリカ合衆国は環境対策に熱心ではありませんでしたが、バラク・オバマ大統領の登場でエネルギーの大量消費から環境を重視した省エネルギー政策に大きく舵をきりました。雇用対策という面もありますが、オバマ大統領は就任すると直ちにグリーンニューディール政策を打ち出し、巨額の予算を環境対策に投入することを表明し、遅れていた太陽光発電システムや電気自動車の普及にはずみがついてきたのです。太陽電池は昼間の日照時しか電気を供給できませんので、電力システムは不安定です。そのために、電力供給者と消費者を情報処理技術を用いて太陽電池等の再生可能な電力供給で生じる課題を解決する研究にも一一〇億ドルという巨費を投じています。

日本でも二〇〇八年の洞爺湖サミットで当時の福田康夫首相が二〇五〇年に世界のCO_2発生量を半減する「クールアース50」という提案を行いました。その具体的目標として二〇二〇年に、わが国の太陽光電の導入量を現在の一〇倍、二〇三〇年には四〇倍にするという目標を掲げました。日本では二〇〇五年には使命が終わったとして住宅用太陽電池への補助金を終了していましたが、二〇〇九年補助金を再開し、一キロワット当たりの設備に対して七万円の補助金をつけるという積極的な導入姿勢に転じたのです。ドイツでは日本の三倍以上の価格で太陽電池発電の電気を買い取るフィードインタリフという積極策で再生可能エネルギーの大幅な導入を図ってきたのに対して、日本では太陽光発電の余剰電力を売値と買値がほぼ同じ価格で買い取るという制度のためにインパクトが小さったのです。二〇〇九年七月にエネルギー供給構造高度化法を定め、固定買取制度の導入に踏み切りました。買取価格を従来の倍の一キロワット当たり四八円として一〇年間の買取りを保証するものです。買取価格は順次下げられますが、ここ数年は太陽光発電システムの導入費用が一〇年程度で回収できることから導入が大きく進展すると期待されています。ただ、電力会社が買い取る費用はドイツと同様に電気料金に加算されることになりますので、数年すると月額五〇円から一〇〇円程度電気代が増える見込みです。

スマートグリッド

二〇〇一年のカリフォルニア州の電力危機や二〇〇三年のニューヨークの大停電をきっかけに、アメリカ合衆国では送配電網の整備や電力の安定供給を求める声が大きくなっていました。バラク・オバマ大統領はグリーンニューディール政策の一環として二〇〇九年大統領就任直後の二月には、景気刺激策として「米国再生・再投資法」（American Recovery and Reinvestment Act, ARRA）を定め、その一部として「スマートグリッド」関連分野に一一〇億米ドルを拠出することを決めて電力網の整備に乗り出したのです。スマートグリッドとは、できるだけロスを少なくして送配電供給する方法で、これが、最近米国の通信と情報機器メーカーの間で大きなブームとなっていたのです。ここに目をつけてオバマ大統領は新しいスマートグリッド網を建設し、代替エネルギーの生産を二〇〇九年からの三年間で二倍にするための法案を早期に通過させ、代替エネルギー導入促進と新規の雇用創出させるという一石二鳥の政策をアメリカ連邦議会に対して遅滞なく採択するように要請したのです。

日本でもいくつかの大学や企業が共同して「日本版スマートグリッド」実証実験を二〇一〇年度

からおこなうことが計画化されています。実際の家庭生活を想定し、太陽光パネルを設置した家庭や学校、事業所を連係して、太陽光で発電した電気で冷蔵庫などの一般的な家電製品を使用し、電気自動車、ヒートポンプ式給湯器にも利用する一方、余った電力については蓄電池にためたり、電力会社に実際に売ったりするものです。これらの電力の売買状況をコンピューターで把握し、コンピューター内でシミュレートした送電線網への影響を分析し、送電線網の影響を最小にして太陽光発電を最大限有効利用できる売電の時間帯や電気自動車への充電時間帯などを検証する計画です。

太陽光発電等の再生可能新エネルギーと、技術的に適用可能となりつつある高温超電導直流電力ケーブルを組み合わせて「地球規模の電力網」を敷設すると、世界のどこかで太陽光で発電し、蓄電せずに人類の必要とする全エネルギーを太陽光だけで供給できるという夢でない近未来の姿も見えつつあります。

新産業・新商品としての太陽電池

第Ⅳ章で述べたように、太陽電池は今から五〇年以上前の一九五二年アメリカのベル研究所で発明されました。また薄膜シリコンについては一九七六年の米国ＲＣＡカールソン博士の発明でした。当初太陽電池は人工衛星の電源や灯台の電源として少しずつ進歩を遂げてきました。一九七二の石油ショックを契機に日本ではサンシャイン計画が発足して本格的な取り組みがスタートするのです。

一九九〇年台の後半には研究開発の主流は企業に移り、大学では太陽電池を研究する人たちの数も少なくなってきていました。企業の研究開発は薄膜シリコンやＣＩＧＳといわれる化合物半導体太陽電池が主流になり、新たに有機材料の色素増感太陽電池、有機半導体太陽電池が登場してきました。二〇〇四年に結晶シリコン太陽電池の原料である高純度シリコンの供給量を超える太陽電池需要になり、原料問題の制約の少ない薄膜系太陽電池が注目されるようになったのです。

証券アナリストである和田木哲哉さんはその著書『爆発する太陽電池産業』（東洋経済新報社、二〇〇八年）で太陽電池は半導体や薄型テレビに次ぐ大型産業になるとして、二〇三〇年には二五兆円という産業規模を予想しています。こうした期待から半導体装置メーカーがターンキー装置（スイッチを入れるだけで生産できるシステム）という、お金を出せばだれもがすぐに太陽電池が作れる生産システムを販売するようになりました。このために、これまで製造の中心であった日本、欧州、米国以外に台湾、中国、韓国、インドという太陽電池では開発途上の国々で太陽電池メーカーが次々と登場してきました。

結晶シリコンが原料問題で思うように生産が伸ばせない中で、彗星の如く登場してきたのがカドミウムテルル（ＣｄＴｅ）太陽電池のファーストソーラーというアメリカ合衆国の企業です。急速に生産を伸ばし、二〇〇八年には生産量で世界のトップに並ぶ二位に躍り出てきたのです。このＣｄＴｅ太陽電池は日本では松下電池工業（現パナソニック）が印刷法で安価に作れる薄膜太陽電池として一九八〇年台の後半に開発してきました。電卓等の民生用途として実用化されていました。しかし、電力用に応用する場合、ＣｄＴｅという化合物は毒性が低いとされていたにも係わらず主要成分が毒性のあるカドミウムであることが懸念され、環境対策技術としての太陽光発電には問題があるとして実用化が断念されたのです。ファーストソーラー社は、その寿命がきたときには全量太陽電池を引き取る保証をすることで、顧客を獲得して需要を伸ばし、トップの座を獲得したのです。ＥＵは二〇〇六年七月一日から有害物質である鉛（Pb）、カドミウム（Cd）、六価クローム（Cr）、水銀（Hg）等に厳しい規制をしていますが、環境対策を重視する太陽電池では回収を条件にその使用を認めているのです。太陽電池が割れて酸性雨でカドミウムが流出して土壌を汚染するという問題は残されています。

急成長してきた太陽電池も半導体や薄型テレビ同様に「生活必需品」としての道へ進みつつあり、研究開発投資を回収する前に開発途上国に技術移転が進むという経済学者の予想が現実のものとなりつつあります。半導体や液晶ＴＶは安ければ安いほど良いわけで、価格破壊が進んでいます。当然太陽電池も発電コストを下げるために太陽電池の価格をさらに下げる必要があります。そのためには変換効率を改善し、現在二〇年としている太陽電池の寿命を三〇年、四〇年と延ばしていく技術開発が必要です。また太陽電池の場合は売電することのできる商品という点で薄型テレビと異なる点があります。

さらなる技術研究・開発へ

太陽電池の産業としての期待が高まると学術研究の世界にも変化が現れてきました。研究者が再び太陽電池の研究に目を向けて、これまでと違った視点で太陽電池の研究が始まっているのです。政府も「クールアース50」の実現に向けて太陽光発電技術のロードマップ（工程表）を見直し、二〇〇九年六月に新しいロードマップを発表しました（新エネルギー・産業技術開発機構）。これまでの二〇二〇年の目標は三年前倒し、二〇三〇年目標は五年前倒しして実現するとして、二〇一〇年で研究支援を終える予定の第二世代太陽電池の研究支援を二〇一四年まで継続します。第三世代太陽電池研究は引き続き支援して二〇三〇年以降にはワット当たりの発電コスト七円を大きく引き下げるとしています。文部科学省も独立法人科学技術振興機構（ＪＳＴ）の戦略的創造研究推進事業（ＣＲＥＳＴ）において「太陽光を利用した独創的クリーンエネルギー生成技術の創出」で研究テーマを公募支援しています。一テーマ五年で五億円程度を四～五件の研究を支援するものです。

さらに、リーマンショックで大きな打撃を受けた日本の国際競争力を再生するために、内閣府が打ち出した世界最先端研究支援プログラムでは、二七〇〇億円の研究費を三〇人の国際的な研究者に助成し五年研究を任せて国際競争力の回復を図ると言う政策を打ち出しました。太陽光利用技術もその支援対象に入っています。次々と打ち出される研究支援に応募して新しい技術開発が提案実施されつつあります。説明すると難しいのですが、量子ドットとか、プラズモンという新概念の物

太陽電池、個別技術の開発目標

種類	2010年		2017年		2025年			
	モジュール（%）	セル（%）	モジュール（%）	セル（%）	モジュール（%）	セル（%）	製造コスト[3]（円/W）	寿命[5]（年）
結晶Si	16	20	20	25	25	（30）	50	30（40）
薄膜Si	12	15	14	18	18	20	40	30（40）
CIS系	15	20	18	25	25	30	50	30（40）
化合物系	28	40	35	45	40	50	50	30（40）
色素増感	8	12	10	15	15	18	＜40	
有機系[4]		7	10	12	15	15	＜40	

出典：NEDO PV2030+

理現象を太陽電池に応用して紫外線から複数の長波長光に変換（マルチフォトンと言います）する光増幅や、利用できていない長波長の光複数個から太陽電池に利用可能な短波長の光に変換（アップコンバージョンと言います）。複数の波長を吸収する半導体を組み合わせた多接合セル、一つの半導体で広範囲の光を吸収できるようにするマルチギャップセル等で変換効率四〇％以上を狙う研究です。これらの新しい概念の技術が実用太陽電池として実現するのは二〇二五年頃と推定されていています。そのときには原子力に匹敵する発電コストが実現されると見られます。

二〇二五年までの日本の太陽電池性能目標は左表のとおりです。性能目標は太陽電池の種類で異なります。モジュールが四〇％の変換効率になることや寿命を延ばすことが技術革新の骨子となります。

エネルギーの自立社会を目指して

石油の高騰で燃費の悪い自動車が敬遠され、二次電池を組み合わせたハイブリッド（ＨＶ）自動車が飛ぶように売れ出しました。また、複数の自動車会社から二次電池だけで動く電気自動車（ＥＶ）が発売され、高性能の二次電池の研究も太陽電池以上に活発になってきております。現在のＥＶは一〇〇～一五〇km位しか走れませんが、五〇〇kmぐらい走れるようにする高性能二次電池の開発が進められています。自家用車は実働している時間が短く、ほとんどの時間停車しています。そこでＥＶ車やハイブリッド車を再生可能エネルギーの蓄電池として利用することも検討されています。高性能の

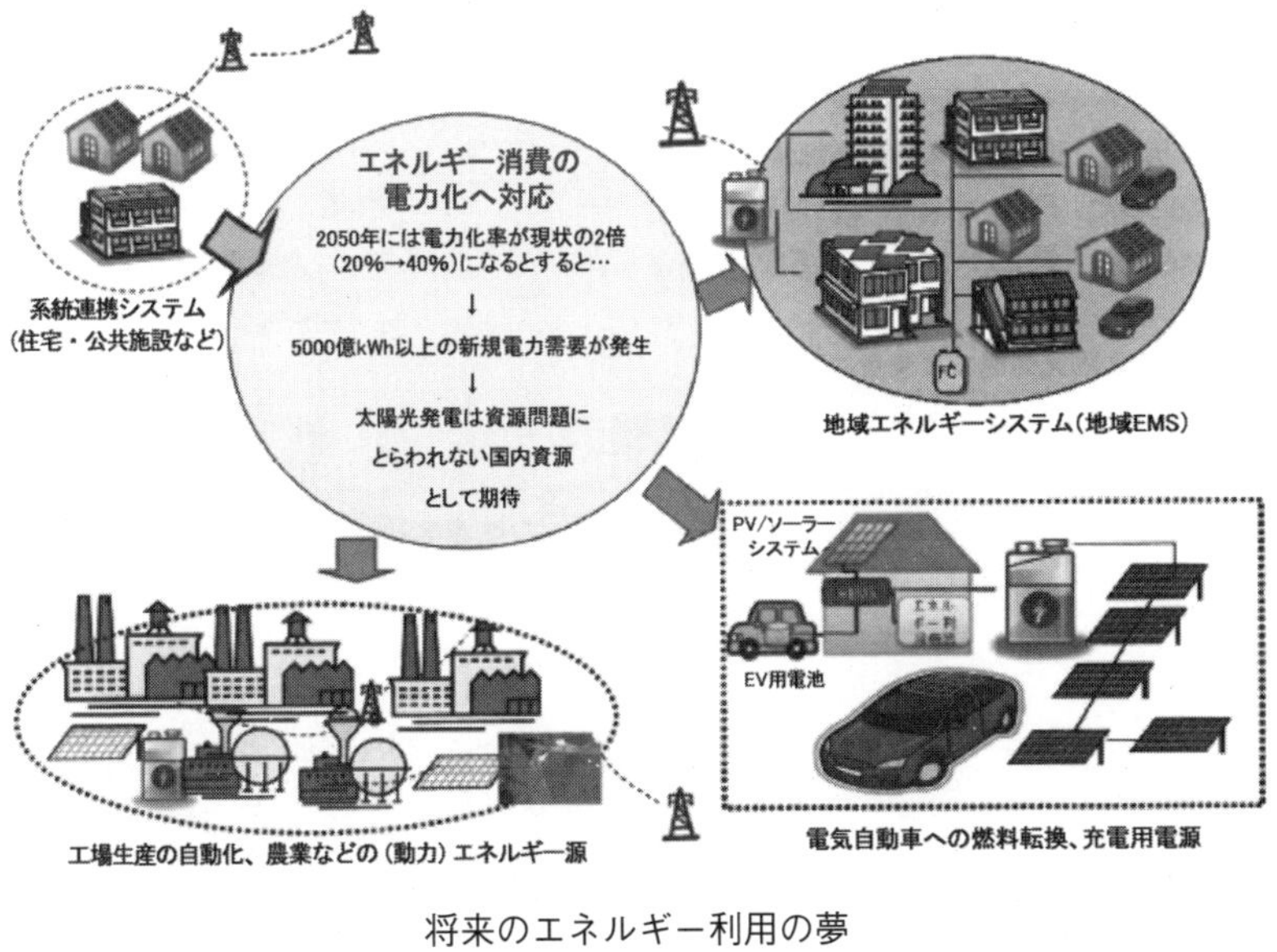

将来のエネルギー利用の夢

出典：NEDO PV2030+

ＥＶの普及が進むと先に説明したスマートグリッドシステムで自家用車の蓄電池までその制御の対象にして太陽電池で発電した電気を充電し、夜間に利用できれば電力需要に占める太陽光発電の割合をさらに高めることができるのです。夜間でも発電可能な風力発電や、家庭から出るごみや排泄物をリサイクルしてメタンガスを回収し、そのガスで燃料電池を発電して夜間の電力と家庭で必要とする温水を作れば、原子力と再生可能エネルギーだけで家庭で消費するエネルギーを賄うことができる時代が実現できそうです。さらに将来、地球規模での高温超伝導送電網ができると原子力発電も不要となり、ローマクラブが警告した人類の危機が回避されることになるのです。

子供のころから太陽電池や電気自動車に触れて関心を持ち、将来環境対策技術に係わっていこうとする若者の数が増えてほしいものです。本書がこのことに少しでも役に立つことを期待しております。

あとがき

二〇〇七年の夏に濱川先生を中心として、一般家庭の人々が読んでわかる太陽光発電の話を書いてほしいという希望がありました。

執筆者は世界の太陽光発電の研究開発をリードしてこられた大阪大学名誉教授濱川圭弘先生を中心に、岡本博明、外山利彦、高倉秀行、柳田祥三、新田佳照と私の七名の体制で、ともかく書いてみようということになりました。いずれも太陽電池研究では世界的にトップレベルの執筆者です。それだけに、一般の人が読んでわかる太陽電池読本が書けるのかというのが全員共通の心配ごとでした。原案は、案の定、こんな内容では難しすぎて読めないという編集部の判定でした。二〇〇七年の末、執筆のレベルを合わせるために集まり、電子、ホールという言葉は使わずに太陽電池を説明する、なるべく普段の生活の中で聞いたことのある言葉で表現することでよりわかりやすい原稿作りを目指すことになりました。表現は平易であるが高度な内容のレベルを落とすことなくという難しい注文がついたので、休憩室、勉強室というコラムをつけることにしました。休憩室はついでに知っていると便利な内容を、勉強室はもっと知りたいという読者のために詳しい内容を記載しております。

私個人の地球環境の関心は、ローマクラブから出版された『成長の限界』（ダイヤモンド社、一九七三年）を読んだことが契機になりました。指数関数的に増加する資源の消費や世界人口が、このまま何も対策せずに進むと近い将来人類は破滅するというシミュレーション予測を示したのです。出版されてすぐ後に石油ショックが二回発生し、その予測が現実の問題として認識され、日本でもサンシャイン計画がスタートし、再生可能なエネルギーへの取り組みが始まりました。一九八〇年に大阪大学基礎工学部濱川研究室で薄膜シリコン太陽電池の研究に参加することになり、以来三〇年近い期間薄膜シリコン太陽電池の研究開発に係わってきました。日本では一九九三年から経済産業省の住宅用太陽光発電システムの導入補助事業で本格的な太陽光発電の実用化が始まったものの、発電コストが高いという経済原則で普及が限定的なまま、二〇〇四年には住宅用太陽電池の補助金が打ち切られ、導入量が減少していました。

『成長の限界』の著者メドウズ夫妻はその後一九九二年『限界を超えて』、二〇〇五年『人類の選択』（ともにダイヤモンド社刊）を発表し、「既に人類は地球の生産能力の限界を大きく超えているが、豊かさをある程度犠牲にすれば持続可能な社会に戻す方法は残されている」と訴えています。人類のエコロジカルフットプリント（ＨＥＦ）という、人類が地球環境に及ぼす影響の大きさを指標にして世界をシミュレーション解析しています。ＨＥＦは人間一人が持続可能な生活をする生産指数で、土地面積で表す場合は、①化石燃料の消費で排出されるCO_2を吸収するための森林面積、②

道路、建築物等で使われる土地面積、③食料生産に必要な土地面積、④紙、木材等の生産に必要な土地面積、を合計した面積で表されます。米国人一人は五・一ha、日本人一人は二・三ha、世界平均は一・八haと計算されています。先進国ほど過剰消費しているので、先進国とくに米国はが率先してCO_2を削減すべきとするＢＲＩＣＳ諸国の主張は合理的な主張と思われます。本書を編集している間に世界の状況は大きく変わり、慎重であった米国でも環境を重視した政策を打ち出し、日本でも住宅用補助金の復活、日本版フィールドインタリフがスタートします。人類は地球の破壊回避に向けて大きく踏み出したようです。

本書が太陽光発電の意義の理解にすこしでも貢献できれば幸いです。

本書の編集に際し、神戸女学院大学名誉教授の池田洋子先生にご協力いただきました。また大阪大学出版会の大西愛さんは執筆者の難解な文章を平易化するのに苦労されました。ほかに、図版それぞれのところに記しましたように、各機関や個人の方々に図版掲載についての許可をいただきました。ここに記して感謝申し上げます。

太和田　善久

本書の出版にかかわられたすべての方々に感謝しお礼申しあげます。

二〇〇九年九月

濱川　圭弘

―編集・執筆―

濱川　圭弘（はまかわ　よしひろ）

大阪大学名誉教授、元立命館大学副学長（総長顧問）、工学博士。

専門：半導体電子工学

著書：「21 世紀文明と新エネルギー」応用物理、Vol.67、No.9、pp.1023-1028（1998）『太陽光発電 / 最新の技術とシステム』（編著）シーエムシー出版、2000 年。（Ed.）*Thin-Film Solar Cells/Next Generation Photovoltaics and Its Applications, Springer Series in Photonics*, January 2004, Springer-Verlag GmbH, New York, LLC.

太和田　善久（たわだ　よしひさ）

大阪大学ナノサイエンスデザイン教育研究センター特任教授、株式会社カネカ 常務理事 RD 推進部イノベーション企画部長、工学博士。

専門：薄膜太陽電池

著書：Y. Tawada, H. Yamagishi and K. Yamamoto, "Mass production of thin film silicon PV modules", *Solar Energy Materials & Solar Cells*, 78（2003）。「カネカにおける新規事業創出と R&D マナージメント」月刊テクノロジーマネージメント No. 2、8 月号、(2008)。『薄膜シリコン太陽電池の最新技術』（太和田善久・岡本博明監修著）シーエムシー出版、2009 年。

—執　筆—

高倉　秀行（たかくら　ひでゆき）
立命館大学理工学部教授、工学博士。

専門：半導体電子工学
著書：『薄膜シリコン系太陽電池の最新技術』（共著、太和田善久・岡本博明監修）シーエムシー出版、2009年。『薄膜太陽電池の基礎と応用』（小長井誠編著）オーム社、2001年。

柳田　祥三（やなぎだ　しょうぞう）
大阪大学名誉教授・先端科学イノベーションセンター特任教授、工学博士。

専門：色材系太陽電池
著書：『光る分子の底力』化学同人・ネオブック、2006年。『薄膜太陽電池の開発最前線』株式会社エヌ・ティー・エス、2005年。

岡本　博明（おかもと　ひろあき）
大阪大学大学院基礎工学研究科教授、工学博士。

専門：固体電子工学
著書："Electrical and Optical Properties of Amorphous Silicon and Its Alloys", in *Thin-Film Solar Cells -Next Generation Photovoltaics and Its Applications,* ed. Yoshihiro Hamakawa（Springer-Verlag, 2004）Chapt.3, pp.43-68.「アモルファスおよび微結晶シリコン太陽電池」太陽電池（浜川圭弘編）コロナ社、2004年。

外山　利彦（とやま　としひこ）
大阪大学大学院基礎工学研究科助教、博士（工学）。

専門：薄膜太陽電池、ナノ結晶ELデバイス
著書：『薄膜シリコン系太陽電池の最新技術』（共著、太和田善久・岡本博明監修）シーエムシー出版、2009年。『トポロジーデザイニング～新しい幾何学からはじめる物質・材料設計～』（共著）エヌ・ティー・エス、2009年。

新田　佳照（にった　よしてる）
株式会社カネカ ソーラーエネルギー事業部、環境カウンセラー、工学博士。

専門：薄膜太陽電池
著書：『薄膜シリコン系太陽電池の最新技術』（共著、太和田善久・岡本博明監修）シーエムシー出版、2009年。『太陽光発電システム設計ハンドブック』（共著、黒川浩助、若松清司共編）オーム社、1994年。

阪大リーブル 18

太陽光が育くむ地球のエネルギー
光合成から光発電へ

発 行 日　2009年10月16日　初版第1刷　〔検印廃止〕
編 著 者　濱川 圭弘・太和田善久
発 行 所　大阪大学出版会
代表者　鷲田清一
〒565-0871
吹田市山田丘2-7　大阪大学ウエストフロント
電話・FAX　06-6877-1614
URL　http://www.osaka-up.or.jp
印刷・製本　株式会社 遊文舎

ISBN 978-4-87259-303-7 C1354

HANDAI Live

阪大リーブル

001 伊東信宏 編

ピアノはいつピアノになったか?

(付録CD「歴史的ピアノの音」) 定価 1,785円

002 荒木浩 著

日本文学　二重の顔

〈成る〉ことの詩学へ 定価 2,100円

003 藤田綾子 著

超高齢社会は高齢者が支える

年齢差別《エイジズム》を超えて創造的老い《プロダクティブエイジング》へ 定価 1,680円

004 三谷研爾 編

ドイツ文化史への招待

芸術と社会のあいだ 定価 2,100円

005 藤川隆男 著

猫に紅茶を

生活に刻まれたオーストラリアの歴史 定価 1,785円

006 鳴海邦碩・小浦久子 著

失われた風景を求めて

災害と復興、そして景観 定価 1,890円

007 小野啓郎 著

医学がヒーローであった頃

ポリオとの闘いにみるアメリカと日本 定価 1,785円

008 秋田茂・桃木至朗 編

歴史学のフロンティア

地域から問い直す国民国家史観 定価 2,100円

009 懐徳堂 湯浅邦弘 著

墨の道 印の宇宙

懐徳堂の美と学問 定価 1,785円

010 津久井定雄・有宗昌子 編

ロシア　祈りの大地

定価 2,205円

011 懐徳堂 湯浅邦弘 編

江戸時代の親孝行

定価 1,890円

012 天野文雄 著

能苑逍遥(上) 世阿弥を歩く

定価 2,205円

013 桃木至朗 著

わかる歴史・面白い歴史・役に立つ歴史

歴史学と歴史教育の再生をめざして 定価 2,100円

014 藤田治彦 編

芸術と福祉

アーティストとしての人間 定価 2,310円

015 松田祐子 著

主婦になったパリのブルジョワ女性たち

100年前の新聞・雑誌から読み解く 定価 2,205円

016 山中浩司 著

医療技術と器具の社会史

聴診器と顕微鏡をめぐる文化 定価 2,310円

017 天野文雄 著

能苑逍遥(中) 能という演劇を歩く

定価 2,205円

(四六判並製カバー装。定価は税込。以下続刊)